全国职业培训推荐教材
人力资源和社会保障部教材办公室评审通过
适合于职业技能短期培训使用

计算机维修基本技能

吴新华　主　编

中国劳动社会保障出版社

图书在版编目(CIP)数据

计算机维修基本技能/吴新华主编.—北京:中国劳动社会保障出版社,2013

职业技能短期培训教材

ISBN 978-7-5167-0801-9

Ⅰ.①计… Ⅱ.①吴… Ⅲ.①电子计算机-维修-技术培训-教材 Ⅳ.①TP307

中国版本图书馆 CIP 数据核字(2013)第 283962 号

中国劳动社会保障出版社出版发行

(北京市惠新东街1号 邮政编码:100029)

*

中国标准出版社秦皇岛印刷厂印刷装订　新华书店经销
850毫米×1168毫米　32开本　6.125印张　151千字
2013年12月第1版　2023年6月第10次印刷
定价:12.00元
营销中心电话:400-606-6496
出版社网址:http://www.class.com.cn

版权专有　　侵权必究

如有印装差错,请与本社联系调换:(010)81211666
我社将与版权执法机关配合,大力打击盗印、销售和使用盗版图书活动,敬请广大读者协助举报,经查实将给予举报者奖励。
举报电话:(010)64954652

前言

职业技能培训是提高劳动者知识与技能水平、增强劳动者就业能力的有效措施。职业技能短期培训，能够在短期内使受培训者掌握一门技能，达到上岗要求，顺利实现就业。

为了适应开展职业技能短期培训的需要，促进短期培训向规范化发展，提高培训质量，中国劳动社会保障出版社组织编写了职业技能短期培训系列教材，涉及二产和三产百余种职业（工种）。在组织编写教材的过程中，以相应职业（工种）的国家职业标准和岗位要求为依据，并力求使教材具有以下特点：

短。教材适合15～30天的短期培训，在较短的时间内，让受培训者掌握一种技能，从而实现就业。

薄。教材厚度薄，字数一般在10万字左右。教材中只讲述必要的知识和技能，不详细介绍有关的理论，避免多而全，强调有用和实用，从而将最有效的技能传授给受培训者。

易。内容通俗，图文并茂，容易学习和掌握。教材以技能操作和技能培养为主线，用图文相结合的方式，通过实例，一步步地介绍各项操作技能，便于学习、理解和对照操作。

这套教材适合于各级各类职业学校、职业培训机构在开展职业技能短期培训时使用。欢迎职业学校、培训机构和读者对教材中存在的不足之处提出宝贵意见和建议。

人力资源和社会保障部教材办公室

简介

本书首先对计算机基本知识进行介绍，让学员首先从认识计算机开始学习，在此基础上，对计算机组装、安装系统软件、安装应用软件、计算机硬件及软件的故障诊断与排除、网络常见故障与排除等内容进行分析，使学员通过学习能够达到计算机维修岗位的工作要求，快速上岗。

本书在编写过程中根据多年的教学和实践经验，从当前计算机维修的基本岗位实际要求出发，针对不同层次及职业技能短期培训学员的特点，进一步精简理论，突出技能操作要求的特点，从而强化技能的实用性。全书语言通俗易懂，采用图文相结合的方式，一步一步地介绍各项操作技能，便于学习、理解和对照操作。

本书由吴新华主编，吴锡勇、林美云、余晖勤参与编写，张美青审稿。

目录

第一单元 认识计算机 ……………………………（1）

第一模块 认识主板、CPU、内存 ………………（1）
第二模块 认识硬盘、光驱、显卡、电源…………（15）
第三模块 认识外部设备 ……………………………（26）

第二单元 计算机组装 ……………………………（38）

第一模块 计算机主机的组装 ………………………（38）
第二模块 连接外部设备及通电检查 ………………（51）
第三模块 BIOS 的设置 ……………………………（55）

第三单元 安装 Windows 系统 …………………（65）

第一模块 安装前准备 ………………………………（65）
第二模块 认识 WinPE ……………………………（69）
第三模块 安装 Windows 系统 ……………………（74）

第四单元 安装应用软件 …………………………（82）

第一模块 常用应用软件安装 ………………………（82）
第二模块 病毒与木马防治软件 ……………………（94）

第五单元 硬件故障诊断与排除 …………………（104）

第一模块 计算机故障产生的原因及类型 …………（104）
第二模块 计算机主机故障排除 ……………………（115）
第三模块 外设故障排除 ……………………………（132）

· I ·

第六单元　软件故障诊断与排除 ……………………………… (148)

　　第一模块　操作系统故障排除 ……………………………… (149)

　　第二模块　应用软件故障排除 ……………………………… (165)

第七单元　网络常见故障排除 ……………………………… (173)

　　第一模块　Windows 7 网络连接 …………………………… (173)

　　第二模块　网络连接故障排除 ……………………………… (177)

培训大纲建议 ………………………………………………… (188)

第一单元　认识计算机

计算机（俗称电脑），它是一种能够快速地对各种数字信息进行自动处理的电子设备，它的全名为"数字电子计算机"。

计算机按其规模和性能一般可分为巨型计算机、大型计算机、小型计算机、微型计算机等。随着芯片集成度的不断提高，20 世纪 70 年代出现的一种以中央处理器（CPU）为核心的微型化的计算机，称为微型计算机（简称微机）或 PC（个人计算机 Personal Computer），微机加上软件，就构成了整个微型计算机系统。

目前人们在日常工作生活中所接触到的计算机，基本上都是微机，本课程所描述的计算机均特指为微型计算机。

计算机系统由硬件（即看得见、摸得着的机器实体）和软件（管理驾驭硬件的程序集合）组成，本单元讲述计算机硬件的构成。

计算机硬件由主机和外部设备构成，实际意义上的主机包含主板、CPU、内存、显卡、硬盘、光盘驱动器（光驱）、机箱、电源等，常见的外部设备包括显示器、打印机、音箱、键盘、鼠标等。

第一模块　认识主板、CPU、内存

一、认识主板和 CPU

1. 主板

主板，又叫主机板，它安装在主机机箱内，是微型计算机的最基本也是最重要的部件之一。主板提供与中央处理器（CPU）、显卡、声卡、硬盘、内存、外设等设备的接合，这些器件可以直接插入相关的插槽。芯片组（Chipset）是主板上重要的构成组件，芯片组通常由北桥和南桥组成（现在有些主板整合南北桥为单芯片），芯片组为主板提供一个通用平台供不同设备连接，控制不同设备的沟通，芯片组还为主板提供集成网卡、集成声卡，部分主板还集成显卡。

现在以某品牌 GA－P75－D3 主板为例说明主板的组成，主板的主要参数见表 1—1，其实物如图 1—1 所示。

表 1—1　　　　GA－P75－D3 主板主要参数

基本参数	
主板芯片组	Intel B75
CPU 插槽	LGA 1155
CPU 支持类型	支持 Intel 酷睿 i7、酷睿 i5、酷睿 i3 处理器
主板结构	ATX
北桥芯片	Intel B75
集成芯片	声卡/网卡
板载音效	集成 Realtek ALC887 8 声道音效芯片
网卡芯片	板载千兆网络控制芯片
硬件参数	
内存类型	DDR3　1 600/1 333/1 066 MHz
最大内存容量	32 GB
内存插槽数量	4 个 DDR3 DIMM 内存插槽
双通道内存	支持
硬盘接口标准	SATA Ⅲ
普通 SATA 接口	4 个
SATA 3.0 接口	1 个

续表

扩展性能	
PCI 插槽	1 个 PCI Express×16 3.0 插槽 1 个 PCI Express×4 插槽 1 个 PCI Express×1 插槽 4 个 PCI 插槽
USB 接口	8 个 USB 2.0 接口，4 个 USB 3.0 接口
PS/2 接口	1 个 PS/2 鼠标接口，1 个 PS/2 键盘接口
外接端口	1 个并行接口，1 个串行接口，1 个同轴输出接口，1 个 RJ-45 网络接口，USB 接口，3 个音频接口
电源插口	一个 4 针电源接口，一个 24 针电源接口

（1）芯片组。主板芯片组通常分为北桥芯片和南桥芯片，北桥芯片，它靠近 CPU 插槽一端，负责主板对 CPU、内存、显卡等硬件的控制；南桥芯片一般靠近 PCI 插槽一端，负责主板对硬盘和外部设备（如 USB 总线）的控制。PCH 及 PCI 插槽如图 1—2 所示。

如今部分产品将北桥和南桥集成到一个芯片中。Intel 用 MCH（内存控制中心）取代了以往的北桥芯片，用 ICH（输入输出控制中心）取代了南桥芯片，MCH 和 ICH 通过专用的总线连接。新的主板用 PCH 芯片（平台管理控制中心）取代原来的南北桥。

（2）扩展插槽。主要有：1 个 PCI Express×16 3.0 插槽（PCI-E 类型的×16 显卡）、1 个 PCI Express×4 插槽（PCI-E 类型的×4 显卡）、1 个 PCI Express×1 插槽（安装声卡、网卡、电视卡等 PCI-E 类型设备）、4 个 PCI 插槽（是目前个人计算机中使用最为广泛的外部板卡接口）。

（3）CPU 插槽。Intel LGA 1 155 插槽有 1 155 根引脚（触点），支持新酷睿 i3、i5、i7 处理器，如图 1—3 所示。

图 1—1 主板实物

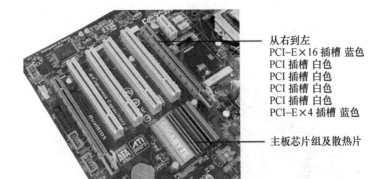

从右到左
PCI-E×16 插槽 蓝色
PCI 插槽 白色
PCI 插槽 白色
PCI 插槽 白色
PCI 插槽 白色
PCI-E×4 插槽 蓝色
主板芯片组及散热片

图 1—2　PCH 及 PCI 插槽

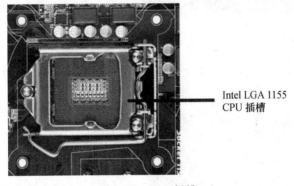

Intel LGA 1155
CPU 插槽

图 1—3　CPU 插槽

（4）内存插槽。如图 1—4 所示为两组双通道 DDR3 DIMM 内存插槽，相同颜色的插槽为一组。

（5）SATA 接口。SATA 采用串行连接方式，具备了更强的纠错能力，与以往相比其最大的区别在于能对传输指令进行检查，如果发现错误会自动矫正，这在很大程度上提高了数据传输的可靠性。串行接口还具有结构简单、支持热插拔等优点，SATA 接口如图 1—5 所示。SATA Ⅲ 主要是将传输速度提高到 6 Gbit/s。

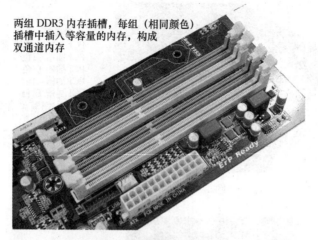

图1—4 DDR3内存插槽

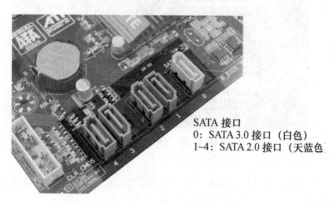

图1—5 SATA接口

（6）外接端口（见图1—6）

1）PS/2键盘接口（一般为紫色）。

2）PS/2鼠标接口（一般为绿色）。

3）并行接口。并行接口是采用并行传输方式来传输数据的接口（一般为红色）。

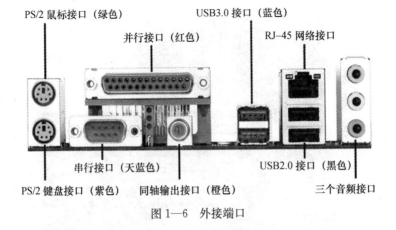

图 1—6 外接端口

4）串行接口。串行接口是采用串行传输方式来传输数据的接口（一般为天蓝色）。

5）同轴输出接口。同轴输出接口输出数字音频信号，通过外部译码器进行译码，可得到最佳的音频（一般为橙色）。

6）RJ-45 网络接口。网络接口。

7）USB 接口。USB 接口含 USB 2.0（一般为黑色）和 USB 3.0（一般为蓝色）两种，USB 3.0 的传输速率是 USB 2.0 的十倍。

8）音频接口。

蓝色，音频输入端口，可将 MP3 的音频输出端通过音频线连接到计算机，通过计算机再进行处理或者录制。

绿色，音频输出端口，用于连接耳机或音箱。

粉色，麦克风端口，用于连接到麦克风。

（7）电源插口。24 PIN 电源接口提供 3.3 V、5 V、12 V 电源；4 PIN 电源接口专为 CPU 提供 12 V 电源，如图 1—7 所示。

2. CPU

中央处理器（CPU，Central Processing Unit）是计算机的

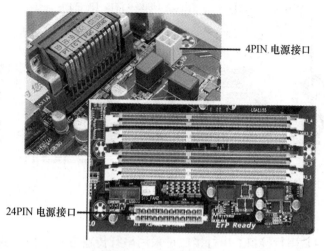

图1—7　主板电源插口

核心部件，其功能主要是解释计算机指令以及处理计算机软件中的数据，CPU主要由运算器、控制器和寄存器等构成。如图1—8、图1—9所示为常见的CPU。

图1—8　Intel CPU

计算机的性能在很大程度上由CPU的性能所决定，而CPU的性能主要体现在其运行程序的速度上。影响运行速度的性能指标包括CPU的工作频率、Cache容量、指令系统和逻辑结构等参数。

图 1—9　AMD Phenom2 羿龙 2CPU

（1）主要性能指标

1）主频。主频又称时钟频率，单位是千兆赫兹（GHz），用来表示 CPU 的运算、处理数据的速度。通常，主频越高，CPU 处理数据的速度就越快。

CPU 的主频＝外频×倍频系数。主频和实际的运算速度存在一定的关系，但并不是一个简单的线性关系。CPU 的运算速度还要看 CPU 的其他性能指标。

2）外频。外频是 CPU 的基准频率，单位是（兆赫 MHz），CPU 的外频决定着整块主板的运行速度。在台式机中，所说的超频，都是超 CPU 的外频。

3）前端总线（FSB）频率。前端总线（FSB）是将 CPU 连接到北桥芯片的总线。前端总线（FSB）频率（即总线频率）直接影响 CPU 与内存直接数据交换速度。

外频与前端总线（FSB）频率的区别：前端总线频率指的是数据传输的速度；外频是 CPU 与主板之间同步运行的速度。

4）缓存。缓存的大小也是 CPU 的重要指标之一，而且缓存的结构和大小对 CPU 速度的影响非常大，CPU 内缓存的运行频率极高，一般是和处理器同频运作，工作效率远远大于系统内存和硬盘。实际工作时，CPU 往往需要重复读取同样的数据块，而缓存容量的增大，可以大幅度提升 CPU 内部读取数据的命中率,而不用再到内存或者硬盘上寻找,以此提高系统性能。CPU 高速缓存结构见表 1—2。

表 1—2　　　　　　　CPU 高速缓存结构

L1 Cache（一级缓存）	CPU 的第一层高速缓存,分为数据缓存和指令缓存,对 CPU 的性能影响较大	由静态 RAM 组成,容量小,通常在 32～256 KB
L2 Cache（二级缓存）	CPU 的第二层高速缓存,分内部和外部两种芯片。其容量大小影响 CPU 的性能,原则是越大越好	内部芯片的二级缓存运行速度与主频相同,而外部芯片的二级缓存运行速度则只有主频的一半
L3 Cache（三级缓存）	CPU 的第三层高速缓存,内置	进一步降低内存延迟,同时提升大数据量计算时处理器的性能

　　(2) 主流 CPU 举例。Intel 酷睿 i5 2320（见图 1—10）采用最先进的 32 nm 工艺,原生四核心设计,默认频率为 3.0 GHz。它采用三级缓存设计,一级缓存 256 KB,二级缓存 4×256 KB,三级缓存 6 MB,设计功耗为 95 W,其主要参数见表 1—3。

图 1—10　Intel 酷睿 i5 2320

表 1—3　　Intel 酷睿 i5 2320 处理器主要参数

CPU 型号	Intel 酷睿 i5 2320（盒）
适用类型	台式机
包装形式	盒装
CPU 主频	3 GHz
最大睿频	3.3 GHz
外频	100 MHz
倍频	30 倍
插槽类型	LGA 1155
针脚数目	1155 PIN
CPU 架构	Sandy Bridge
核心数量	四核心
制作工艺	32 nm
热设计功耗（TDP）	95 W
一级缓存	256 KB
二级缓存	4×256 KB
三级缓存	6 MB
64 位处理器	是
集成显卡	是
显卡基本频率	850~1 100 MHz

二、认识内存储器

1. 存储器

存储器是计算机系统中的记忆设备，用来存放程序和数据。有了存储器，计算机才有记忆功能，才能正常工作。按用途存储器可分为内存（主存储器）和外存（辅助存储器），如图 1—11 所示。

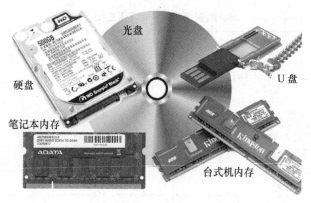

图1—11 存储器

外存通常是磁性介质（硬盘等）、光存储技术（光盘）以及半导体介质（U盘）等，能长期保存信息。内存由半导体器件制成，内存是计算机中的主要部件，用来存放当前正在执行的数据和程序，关闭电源或断电后，数据会丢失。打个比方说，外存好比是学校的宿舍，那么内存就是学校的教室。

2. 内存储器

内存一般采用半导体存储单元，包括随机存储器（RAM）、只读存储器（ROM），以及高速缓存（Cache）等。

随机存储器RAM（Random Access Memory），在通电状态下它既可以读取数据，也可以写入数据。通常平时所说的内存，就是指随机存储器（RAM），也就是台式机或笔记本上所使用的内存条，目前市场上常见的内存条有2 G/条、4 G/条等。

只读存储器ROM（Read Only Memory），通常在制造的时候，信息（数据或程序）就被存入并永久保存。这些信息一般情况下只能读出，不能写入，即使计算机停电，这些数据也不会丢失。ROM通常用于存放计算机的基本程序和数据，如ROM BIOS。

高速缓冲存储器Cache，它位于CPU与主存储器之间，是一个读写速度比主存储器更快的存储器。当CPU向主存储器中写入或读出数据时,这个数据也被存储进高速缓冲存储器中。当CPU再次需要这些数据时,CPU就先从高速缓冲存储器读取数据,而不是访问较慢的主存储器,从而提高效率。

3. DDR内存

在微型计算机上,内存以内存条的形式出现。内存条是计算机不可缺少的组成部分之一,CPU可通过数据总线对内存寻址,所有外存上的内容必须通过内存才能发挥作用。目前市面上使用的内存条是DDR内存,也就是"双倍速率SDRAM"的意思,经历了DDR、DDR2阶段之后,现在内存条已经进入DDR3时代,三者的外观对比如图1—12所示。

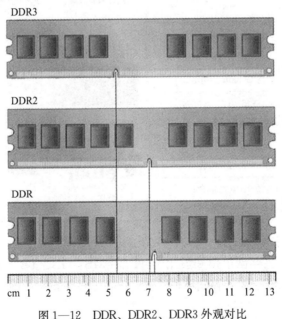

图1—12 DDR、DDR2、DDR3外观对比

4. 常见内存品牌

常见内存品牌见表1—4。

表 1—4　　　　　常见内存品牌

品牌	Logo
金士顿 Kingston 金士顿科技股份有限公司	金士顿 Kingston
威刚 ADATA 威刚科技有限公司	威刚 ADATA
海盗船 Corsair 海盗船科技股份有限公司	海盗船 Corsair
三星 SAMSUNG 三星集团	三星 SAMSUNG
宇瞻 Apacer 宇瞻电子（上海）有限公司	宇瞻 Apacer
SK Hynix SK 海力士半导体（中国）有限公司	SK Hynix
芝奇 G. skill 台湾 G. skill 公司	芝奇 G.skill
金邦 GEIL 金邦科技股份有限公司	金邦 GEIL
南亚易胜 Elixir 南亚科技股份有限公司	南亚易胜 Elixir
金泰克 KINGTIGER 钜鑫科技（香港）有限公司	金泰克 KINGTIGER

5. *存储单位*

计算机存储单位一般用 B、KB、MB、GB、TB 等来表示，将来还会有更大的存储单位。它们之间的关系是：

位（bit 比特）：存放一位二进制数，即 0 或 1，最小的存储单位。

字节（Byte）：8 个二进制位为一个字节，最常用的单位，一般用大写的 B 表示。

1 KB（千字节）＝1 024 B，1 024＝2^{10}≈1 000
1 MB（兆字节，简称"兆"）＝1 024 KB，2^{20}≈1 000 000
1 GB（吉字节，又称"千兆"）＝1 024 MB，2^{30}≈1 000 000 000
1 TB（太字节，万亿字节）＝1 024 GB，2^{40}≈1 000 000 000 000

第二模块　认识硬盘、光驱、显卡、电源

一、认识外存储器

外储存器（也称为辅助存储器）是指除计算机内存及 CPU 缓存以外的储存器，外存断电后仍然能长期保存信息，常见的外储存器有硬盘、光盘、U 盘等，以及不常见的磁带、数据流带等。

外存储器的特点：单位价格低，容量大，速度慢，断电后数据不会丢失。

一块硬盘装机使用时需要进行分区，存放操作系统的分区称为主分区，其余为逻辑分区。

1. 机械硬盘

硬盘分为机械硬盘（HDD）和固态硬盘（SSD），HDD 采用磁性碟片来存储，硬盘结构如图 1—13 所示。

（1）硬盘的逻辑结构。硬盘由一张或数张圆形盘片组成，每张盘片由一定数量的同心圆（磁道）构成，每一个同心圆分成一定数量的圆弧（扇区），每一个圆弧固定存储一定数量的二进制数据，一般为 512 B，硬盘逻辑结构如图 1—14 所示。

磁头数（Heads）表示硬盘总共有几个磁头，也就是有几面盘片，最大为 255。

柱面数（Cylinders）表示硬盘每一面盘片上有几条磁道，最大为 1 023。

扇区数（Sectors）表示每一条磁道上有几个扇区，最大为 63。

图1—13 硬盘结构

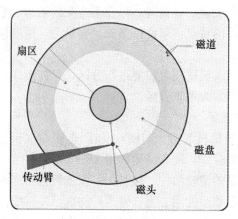

图1—14 硬盘逻辑结构

每个扇区一般是 512 B。

在 CHS 寻址方式中,磁头、柱面、扇区的取值范围分别为 0～Heads－1、0～Cylinders－1、1～Sectors。

例如某硬盘参数如下:磁头 16（磁头号 0～15）,磁道 969021（磁道号 0～969020）,扇区/磁道 63（扇区号 1～63）,每扇区 512 B,那么它的存储容量为:

存储容量＝16×969 021×63＝976 773 168 扇区＝488 386 584 B ≈500 GB

（2）硬盘的常见接口。硬盘的常见接口有 IDE、SATA（SATA、SATA Ⅱ、SATA Ⅲ）、SCSI 等，目前常见的主要是 IDE 接口（也就是并口，现在不常用了，两排针的那种）、SATA 接口（也就是串口，横截面"L"形，现在常用的硬盘接口），如图 1—15 所示。

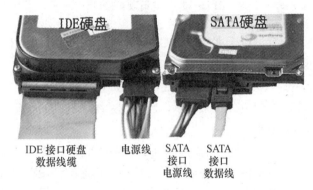

图 1—15　IDE 硬盘接口和 SATA 硬盘接口

（3）硬盘常见尺寸

3.5 in 台式机硬盘：广泛用于各种台式计算机。

2.5 in 笔记本硬盘：广泛用于笔记本电脑、桌面一体机、移动硬盘及便携式硬盘播放器。

1.8 in 微型硬盘：广泛用于超薄笔记本电脑、移动硬盘及苹果播放器。

硬盘接口有 IDE 并口和 SATA 串口之分，目前 SATA 为主流，如图 1—16 所示。

（4）基本参数

1）容量。作为计算机系统的数据存储器，容量是硬盘最主要的参数。

图1—16　2.5 in硬盘接口

硬盘的容量以千兆字节（GB）为单位，1 GB＝1 024 MB，但硬盘厂商通常使用的是1 G＝1 000 MB（1 GB＝1 000×1 000×1 000 B＝1×10^{9}B）来计算容量，而Windows系统依旧以1 GB＝1 024×1 024×1 024 B来表示，因此在系统中看到的容量会比厂家的标称值要小。

2）转速。转速是硬盘内电动机主轴的旋转速度，也就是硬盘盘片在一分钟内所能完成的最大转数。转速的快慢在很大程度上直接影响到硬盘的速度。硬盘的转速越快，硬盘寻找文件的速度也就越快。硬盘转速以每分钟多少转来表示，单位表示为 r/min，是转/分钟。

家用的普通硬盘的转速一般有 5 400 r/min、7 200 r/min两种，高转速硬盘也是现在台式机用户的首选；而笔记本用户则是以 4 200 r/min、5 400 r/min 转速为主。

3）平均访问时间。平均访问时间是指磁头从起始位置到达目标磁道位置，并且从目标磁道上找到要读写的数据扇区所需的时间。

平均访问时间体现了硬盘的读写速度，平均访问时间＝平均寻道时间＋平均等待时间。

4）传输速率。传输速率是指硬盘读写数据的速度，单位为兆字节每秒（MB/s）。硬盘数据传输速率又包括了内部数据传输速率和外部数据传输速率。

5）缓存。缓存是硬盘控制器上的一块内存芯片，具有极快的存取速度，它是硬盘内部存储和外界接口之间的缓冲器。缓存的大小与速度是直接关系到硬盘的传输速率的重要因素，能够大幅度地提高硬盘整体性能。当硬盘存取零碎数据时需要不断地在硬盘与内存之间交换数据，有大缓存，则可以将那些零碎数据暂存在缓存中，以减小外系统的负荷，也提高了数据的传输速度。

2. 固态硬盘 SSD

固态硬盘（Solid State Drive）就是用固态电子存储芯片阵列而制成的硬盘，其芯片的工作温度范围很宽但成本较高。固态硬盘技术与传统硬盘技术不同，用存储芯片，再配合适当的控制芯片，就可以制造固态硬盘。新一代的固态硬盘普遍采用 SATA 2.0 接口及 SATA 3.0 接口。如图 1—17 所示为 SSD 硬盘的外观及内部结构。

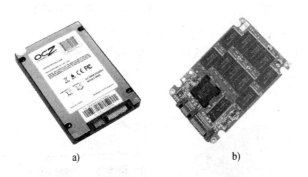

图 1—17 SSD 硬盘的外观及内部结构
a）SSD 硬盘外观 b）SSD 硬盘内部结构

固态硬盘的存储介质分为两种：一种是采用闪存（FLASH 芯片）作为存储介质；另一种是采用 DRAM 作为存储介质。

基于闪存的固态硬盘是固态硬盘的主要类别，其内部构造十分简单，固态硬盘内主体其实就是一块 PCB 板，而这块 PCB 板上最基本的配件就是控制芯片、缓存芯片（部分低端硬盘无缓存芯片）和用于存储数据的闪存芯片。

3. U 盘

U 盘，全称 USB 闪存驱动器，英文名为"USB flash disk"。它是一种使用 USB 接口的无须物理驱动器的微型高容量移动存储产品，通过 USB 接口与计算机连接，实现即插即用。U 盘的组成很简单：外壳＋机芯。

U 盘的优点是小巧、存储容量大、性能可靠。现在 U 盘的容量有 4 G、8 G、16 G、32 G、64 G 等。U 盘中无任何机械式装置，抗震性能极强。另外，U 盘还具有防潮防磁、耐高低温等特性，安全可靠性很好。

U 盘的接口有 USB 3.0 和 USB 2.0 两种，USB 2.0 的传输速率为 480 Mbit/s，而 USB 3.0 的传输速率则可达到 4.8 Gbit/s，USB 3.0 的传输速率是 USB 2.0 的 10 倍。与 USB 2.0 相比，USB 3.0 更加节能，如图 1—18 所示为 USB 3.0 接口的 U 盘及笔记本接口。此外，USB 3.0 是向下兼容的，支持 USB 2.0 设备。USB 2.0 的接口一般都是黑色的，而 USB 3.0 的接口一般都是蓝色的，另外 USB 2.0 只有 4 个针脚，而 USB 3.0 有 9 个针脚。

图 1—18 USB 3.0 接口的 U 盘及笔记本接口
a) USB 3.0 接口 U 盘 b) 笔记本上 USB 3.0 接口

4. 其他外存储器

除了机械硬盘、固态硬盘、U盘外，常见的外存储器还有光存储器，在本模块下文中做专门描述。

二、认识光驱及光存储介质

1. 光驱的类别

光盘驱动器（简称光驱），是计算机用来读写光存储器（光盘）内容的机器，也是在台式机和笔记本里比较常见的一个部件。目前，常见的光驱类型有 CD-ROM 驱动器、CD 刻录机（CD-R/W）、康宝（COMBO）、DVD-ROM 驱动器、DVD 刻录机（DVD-R/W）。常见光驱见表1—5，其外观如图1—19所示。

表 1—5　　　　　　　　常见光驱

	CD 读写	CD 刻录	DVD 读写	DVD 刻录
CD-ROM	√	×	×	×
CD-R/W	√	√	×	×
康宝（COMBO）	√	√	√	×
DVD-ROM	√	×	√	×
DVD-R/W	√	√	√	√

目前还有蓝光光驱，即能读取蓝光光盘的光驱，向下兼容DVD、VCD、CD 等格式。

光驱的接口同硬盘类似，内置的有 IDE 和 SATA 两种接口，外置光驱一般采用 USB 接口。

2. 光驱的读盘速度

光驱速度是用 X（倍速）来表示的，这是相对于第一代光驱来讲的，比如说40X 光驱，其速度是第一代光驱的 40 倍。第一代光驱的速度近似于 150 kB/s，那么 40X 光驱的速度近似于 6 000 kB/s，这里标称的速度是指光驱的最快速度，即光驱在读取盘片最外圈时的最快速度，而读内圈时的速度要低于标称值，

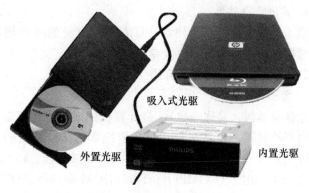

图1—19 常见光驱的外观

总的来说,平均速度是远小于标称速度值的。

单倍速传输速度CD为150 kB/s,DVD为1 350 kB/s。注意是kB/s(千字节每秒)而不是kb/s(千位每秒)。

3. 光盘的容量

CD-ROM　700 MB

DVD-R、DVD-RW、DVD+RW盘片容量分为以下四种:

- 单面单层4.7 GB,也叫DVD-5;
- 单面双层8.5 GB,也叫DVD-9;
- 双面单层9.4 GB,也叫DVD-10;
- 双面双层17 GB,也叫DVD-18。

目前市面上流通的基本上都是单面单层4.7 GB和单面双层8.5 GB。

此外,有些光盘盘片会做成特殊形状,面积都比较小,俗称小盘,这样的光盘容量要小很多。蓝光盘(蓝光,BD)是新一代的光存储格式,利用波长较短(405 nm)的蓝色激光读取和写入数据,并因此而得名,而传统DVD需要激光头发出红色激光(波长为650 nm)来读取或写入数据,通常来说波长越短的激光,能够在单位面积上记录或读取越多的信息。蓝光光盘的容量较大,BD 单面单层 25 GB、双面 50 GB、四层 100 GB。

三、认识显示适配器

显示适配器(Video Adapter),又称为显卡,其用途是将计算机系统所需要的显示信息进行转换,向显示器提供行扫描信号,控制显示器的正确显示,是连接显示器和个人计算机主板的重要元件。显卡作为计算机主机里的一个重要组成部分,承担输出显示图形的任务,对于喜欢玩游戏和从事专业图形设计的人来说显卡的性能非常重要。显卡插在主板的扩展插槽中,现在部分主板是集成显卡的。显示适配器如图 1—20 所示。

图 1—20 显示适配器

1. 显示芯片

显卡的主要部件是显示芯片,它的性能直接决定着显卡性能,不同的显示芯片,不论是内部结构还是其性能,都存在着差异。现阶段主流显示芯片公司主要是 AMD 公司(ATi 已被 AMD 收购)和 nVIDIA 公司。

2. 显卡主要参数

显存类型:目前市场中所采用的显存类型主要有 SDRAM、DDR SDRAM 和 DDR SGRAM 三种。

显存位宽:显存位宽是显存在一个时钟周期内所能传送数据的位数,位数越大则瞬间所能传输的数据量越大,这是显存的重要参数之一。目前市场上的显存位宽有 64 位、128 位、256 位和 512 位几种,人们所说的 64 位显卡、128 位显卡和 256 位显卡就是指其相应的显存位宽。显存位宽越高,性能越好,价格也就越高,因此512位宽的显存更多应用于高端显卡,而主流显卡基本都采用128位和256位显存。

速度:显存速度一般以 ns(纳秒)为单位。常见的显存速度有 7 ns、6 ns、5.5 ns、5 ns、4 ns、3.6 ns、2.8 ns、2.2 ns、1.1 ns 等,越小表示速度越快。

频率:显存频率一定程度上反映该显存的速度,以 MHz(兆赫兹)为单位。

PCB 板:PCB 板也称为印制电路板,就是显卡的躯体,显卡上的一切元器件都是放在 PCB 板上的,因此 PCB 板的好坏,直接决定着显卡电气性能的好坏和稳定性。

层数:目前的 PCB 板一般都是采用 4 层、6 层,或 8 层,在设计合理的基础上,理论上来说层数越多性能越好。

显卡接口:PCI-Express×16 接口,是目前的主流显卡接口。

四、认识计算机电源

PC 电源是专门为机箱内部配件供电的设备,负责把 220 V 的交流电转换为直流电,分别输送到主板、驱动器、显卡等各个元件。目前 PC 电源大都是开关型电源。

电源要根据机箱内所有硬件的耗电总和来选,要买一个超过这个总功率并留有一定冗余功率的电源。现在的硬件性能越来越高,相对的耗电量也越来越大,不要因为电源供电不足而影响硬件的性能或造成死机等故障。

电源以选择质量有保证的大品牌独立电源为宜,劣质电源会影响主板等组件的使用寿命。

计算机的电源根据计算机主板的不同结构分为 ATX 电源和 BTX 电源。

1. ATX 电源

ATX 规范是 1995 年 Intel 公司制定的新的主机板结构标准,

是英文（AT Extend）的缩写，可以翻译为AT扩展标准，而ATX电源（见图1—21）就是根据这一规范设计的电源。ATX电源总共有6路输出，分别是+5 V、−5 V、+12 V、−12 V、+3.3 V及+5 VSB。+5 VSB是供主机系统在ATX待机状态时的电源。

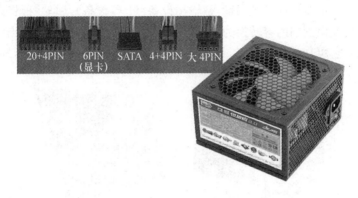

图1—21　ATX电源

2. BTX电源

BTX是一种新型主板架构规范，旨在借助用于构建创新台式计算机系统的标准来建立一个灵活的通用基础。BTX电源兼容了ATX技术，其工作原理与内部结构和ATX基本相同，输出标准与目前的ATX 12 V 2.0规范一样，也是像ATX 12 V规范一样采用24 PIN接头。

BTX电源主要是在原ATX规范的基础之上衍生出ATX 12 V、CFX 12 V、LFX 12 V几种电源规格。其中ATX 12 V是既有规格，之所以称其为衍生电源规格是因为ATX 12 V 2.0版电源可以直接用于标准BTX机箱。

第三模块　认识外部设备

一、认识显示器

显示器是计算机的输入/输出设备（I/O 设备），是一种将计算机能识别的内容转换为人能够识别的文字与图像信息的输出设备。它可以分为 CRT、LCD、LED、3D 等多种，常见的 CRT 显示器与液晶显示器如图 1—22 所示。

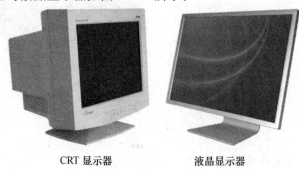

　　CRT 显示器　　　　　液晶显示器

图 1—22　显示器

1. 显示器分类

CRT 显示器是一种使用阴极射线管的显示器，CRT 纯平显示器具有可视角度大、无坏点、色彩还原度高、色度均匀、响应时间极短等优点，但也存在辐射大、功耗大、体积大等缺点，现在基本上被 LCD、LED 等显示器所替代。

LCD 显示器一般指采用 CCFL 背光源的液晶显示器，相对 CRT 而言机身薄，辐射小。

LED 显示器指采用发光二极管（LED）背光源的液晶显示器，它比 LCD 显示器机身更薄，有着亮度高、功耗低、寿命长、工作稳定等优点。

2. 显示器参数

可视角度：液晶显示器的可视角度左右对称，而上下则不一定对称，一般来说，上下角度要小于或等于左右角度。如果可视角度为左右 80°，表示在始于屏幕法线 80°的位置时可以清晰地看见屏幕图像。但是，由于人的视力范围不同，如果没有站在最佳的可视角度内，所看到的颜色和亮度将会有误差。市场上大部分液晶显示器的可视角度都在 160°左右。

点距：点距＝可视宽度/水平像素（或者可视高度/垂直像素）

色彩度：色彩是由红、绿、蓝三种基本色组成的，每个独立的像素色彩由 R、G、B（红、绿、蓝）来控制。如果每个基本色（R、G、B）能达到 8 位，$2^8＝256$，那么每个独立的像素就有 $256×256×256＝16\ 777\ 216$ 种色彩了。

亮度值：液晶显示器的最大亮度，通常由冷阴极射线管（背光源）来决定，现在的中小屏显示器亮度值一般为 250 cd/m^2。

响应时间：响应时间是指液晶显示器各像素点对输入信号反应的速度，这个数值是越小越好。如果响应时间太长，就有可能使液晶显示器在显示动态图像时，有尾影拖曳的感觉。现在一般的液晶显示器的响应时间在 5 ms。

3. 显示器的类型

目前常见的显示器屏幕比例（长：宽）有 4：3、16：10、16：9 三种。

4. 最佳分辨率

液晶显示器的最佳分辨率，也叫最大分辨率，在该分辨率下，液晶显示器才能显现最佳影像，液晶显示器的最佳分辨率见表 1—6。

5. 显示器的接口

常见显示器的接口有 DVI-D 或 DVI-I 接口（见图 1—23）、VGA（D-Sub）接口（见图 1—24）和 HDMI 接口，其中 HDMI

表 1—6　　　　　液晶显示器的最佳分辨率

长宽比	尺寸	最佳分辨率
4∶3	17 in、19 in	1 280×1 024
16∶10	19 in	1 440×900
	20 in、22 in	1 680×1 050
	24 in	1 920×1 200
16∶9	19 in	1 366×768
	21.5 in、23.5 in	1 920×1 080

数据线如图 1—25 所示。如图 1—26 所示为显卡及液晶显示器上的接口。

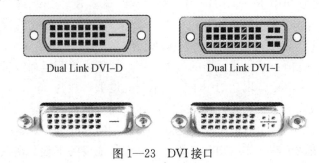

图 1—23　DVI 接口

二、认识打印机

打印机是一种将计算机信息打印在相关介质上的输出设备。

打印机的种类很多，按打印元件对纸张是否有击打动作，分为击打式打印机与非击打式打印机。

按用途划分，可以分为商用打印机（一般为高分辨率的激光打印机）、专用打印机（用于专用系统的打印机，如票据打印机）、家用打印机（一般为彩色喷墨打印机和低档的激光打印机）、便携式打印机、网络打印机（能通过局域网提供打印服务）等。

按工作方式划分，主要有针式打印机、喷墨打印机、激光打

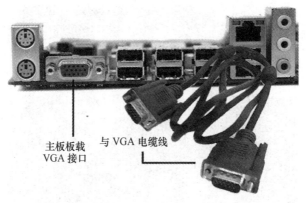

图1—24 VGA接口

图1—25 HDMI数据线

印机等,针式打印机通过打印机和纸张的物理接触来打印字符图形,而后两种是通过喷射墨或粉来印刷字符图形的。

针式打印机:针式打印机具有极低的打印成本和很好的易用性以及单据打印的特殊用途,它的打印质量低、工作噪声大、速度慢,目前主要用于票据、存折打印等特殊场合。针式打印机的耗材为色带,色带可以连同色带盒一起更换或者单独更换,成本极低,如图1—27所示。

彩色喷墨打印机:彩色喷墨打印机有着良好的打印效果和较低的价位,它既可以打印信封、信纸等普通介质,又可以打印各

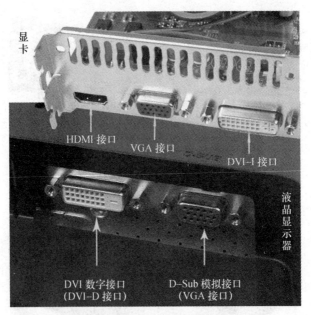

图 1—26　显卡及液晶显示器上的接口

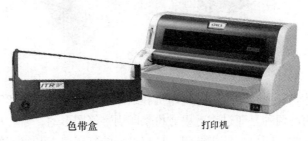

图 1—27　针式打印机

种胶片、照片纸、光盘封面、卷纸、T恤转印纸等特殊介质，如图 1—28 所示。彩色喷墨打印机的耗材为墨水，分为黑墨与彩墨，彩墨有 4 种颜色、5 种颜色或 6 种颜色等几种，一般可以单独更换其中一种颜色的墨水。有些打印机喷嘴和墨盒是一体的，打印机更换墨盒时，连同墨盒底部的喷嘴也一同被换下来，这种墨盒的成本比较高,好处是这种打印机不会出现喷嘴堵塞的问题。还有一种打印机喷嘴和墨盒是分开的,打印机喷嘴永久使用,节省使用成本,但一定时间后容易出现堵塞喷嘴的问题。

打印机　　　　墨盒

图 1—28　彩色喷墨打印机

激光打印机:激光打印机分为黑白和彩色两种,它提供了更高质量、更快速、更低成本的打印方式。它的单页打印成本比喷墨打印机低很多,现在已经逐渐走入家用。彩色激光打印机的价位很高,主要用于商务用途,如图 1—29 所示。激光打印机的耗材为墨粉、硒鼓。有些激光打印机的墨粉和硒鼓是可以分离的,墨粉用完后,可以方便地填充墨粉,然后继续使用,直到硒鼓老化更换;有些激光打印机的墨粉和硒鼓是一体的,墨粉用完后,硒鼓要弃掉,造成一定的浪费,硒鼓的成本占整机成本很大一部分。

衡量打印机性能的指标有打印分辨率、打印速度和噪声三项。

图 1—29 彩色激光打印机

三、其他外设

1. 键盘

计算机键盘是从英文打字机键盘演变而来的，普通的键盘基本上属于薄膜接触式键盘，它用橡胶取代了金属弹簧，它的性能接近于电容式键盘，如图 1—30 所示。

103 键键盘

导电橡胶键盘

图 1—30 键盘

电容式键盘依据的是非接触式的电容导电触发原理，所以电路结构比薄膜接触式键盘要复杂得多，而且电容式键盘的每个键都使用的是封闭式结构，其整体成本要远远高于开放式的薄膜接触式键盘。

目前还有另外一种导电橡胶接触式键盘，它的特点是只有一层导电薄膜，在每个按键位置上有不连通的两个触点，而橡胶弹簧的下部则使用导电橡胶来制作，当按下按键的时候就会将两个触点连通。

键盘分为有线和无线两种，有线键盘的接口类型有 PS/2 接口和 USB 接口两种；无线键盘一般出现于键盘鼠标套装，共用一个 2.4 G 接收器。

2. 鼠标

鼠标（见图 1—31）分无线和有线两种，无线鼠标摆脱了线的束缚，无线鼠标有 2.4 GHz、5.8 GHz、蓝牙鼠标之分。如今，无线外设产品已经得到了广泛的普及，目前市场上的无线鼠标大多数是采用 2.4 GHz 技术的产品；有线鼠标常见的接口类型有 PS/2 接口和 USB 接口两种。

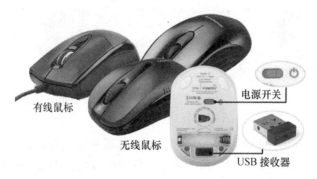

图 1—31 鼠标

3. 音箱

常见的音箱根据箱体个数的不同可分为 2.0 音箱、2.1 音箱和 5.1 音箱，分别如图 1—32 至图 1—34 所示。国内的主要音箱品牌有漫步者、麦博、惠威、三诺、雅兰仕等。

图1—32 2.0音箱

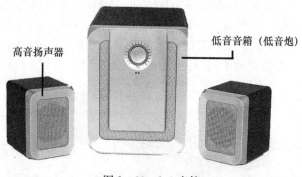

图1—33 2.1音箱

一般的2.0音箱分为两个分频,高频和中低频;2.1音箱也是二分频的,小音箱以高频为主,低音炮以低音为主,但少了中音单元,相比较而言2.1音箱音质比2.0差;5.1音箱是6个箱体,两个前置,两个后置,一个中置,一个低音炮,一般需要配置高性能的独立声卡。

4. 扫描仪

扫描仪是一种利用光电技术和数字处理技术,以扫描方式将图形或图像信息转换为数字信号的装置。经它转化后可以把普通

图1—34 5.1音箱

平面图像转换成数字信息图像,也可以把报纸杂志的文字信息经扫描后通过识别软件转换为电子文档。

扫描仪可分为平面扫描仪、高拍扫描仪(数码扫描仪)、便携式扫描仪三大类型,分别如图1—35至图1—37所示。

图1—35 平面扫描仪

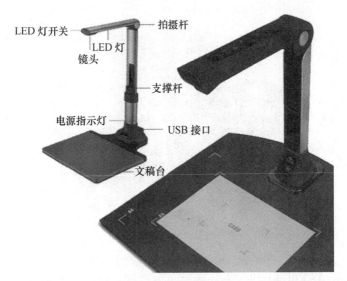

图 1—36 高拍扫描仪

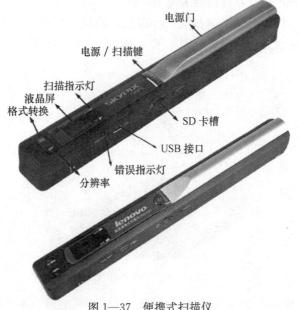

图 1—37 便携式扫描仪

5. 摄像头

数字摄像头可以直接捕捉影像，然后通过 USB 接口传到计算机里。摄像头的核心就是镜头和感光元件。

镜头由几片透镜组成，一般由塑胶透镜或玻璃透镜构成，透镜越多，成本越高，玻璃透镜比塑胶透镜贵、品质好。

感光元件一种是 CCD（电荷耦合器），另一种是比较新型的感光器件 CMOS（互补金属氧化物半导体），感光元件的尺寸多为 1/3 in 或者 1/4 in，在相同的分辨率下，宜选择元件尺寸较大的。

第二单元 计算机组装

计算机（微型计算机）从原理上可以分为主机和外设，主机由 CPU、内存、总线和输入/输出接口（I/O 接口）组成；外设由外存储器（辅助存储器）、输入/输出设备构成。但在实际装机中，计算机由主机（含主板、CPU、内存、硬盘、光驱、显卡、电源、机箱等）和外围设备（主要是显示器、键盘、鼠标、音箱、打印机、摄像头、麦克风等）组成。

第一模块 计算机主机的组装

一、装配前的准备

1. DIY 自用计算机的准备工作

（1）定位。首先明确所需装配计算机的主要用途、经济许可情况，然后再确定硬件的市场定位，确定何种配置。

（2）初步配置。根据市场定位，首先确定采用何种 CPU，考虑采用集成显卡还是独立显卡，接着选定匹配的主板，然后是内存、硬盘、光驱、显卡（如果考虑采用集成显卡就可以省去这一笔开支）、机箱以及功率够用的电源，还有显示器、键盘、鼠标、音箱等外围设备。

（3）了解价位。根据自己的配置，上网或到计算机卖场了解价位，自己所罗列的配件型号中有些可能会买不到，得根据实际做调整。

2. 计算机装配的准备工作

(1) 配件检查。从外观上检查各配件是否有损，看看相应的配件是否齐全，比如排线、各种用途的螺钉是否齐全。

(2) 准备好安装场地。安装场地要宽敞、明亮，桌面要平整，电源电压要稳定。

(3) 准备好装配工具。主要的工具有十字旋具和一字旋具（最好是带磁性的那种）、剪刀一把、尖嘴钳、镊子等。

(4) 把身体静电去掉。

二、安装电源及主板

打开机箱侧板，放平，按相应的螺钉孔位，先安装电源（不要急着连上市电）。

取出主板，用螺钉把主板固定在机箱的底板上（元件部分朝上），待主板安装完毕后，再把电源线接到主板相应位置。

1. 开关键、指示灯的连接

开关键、重启键、指示灯、扬声器线的连接跳线常见的有9针和20针，下面以它们为例说明主板电源跳线的连接。其他不同形式的主板插针可以根据主板上印制的提示连接。

(1) 9针跳线的连接（见图2—1）。在图2—1中，1～8脚分别表示：硬盘指示灯＋极（1脚）、电源指示灯＋极（2脚）、硬盘指示灯－极（3脚）、电源指示灯－极（4脚）、重启信号线（5、7脚）、开机信号线（6、8脚），第9脚没有定义闲置不用。

其中，电源开关（POWER SW）和复位开关（RESET SW）都是不分正负极的，而两个指示灯需要区分正负极。正极连在靠近第一针的方向（跳线的两端总是有一端会有较粗的印制框，找到这个较粗的印制框之后，就本着从左到右、从外到内的原则从1开始编号）。正负极的区分：一般来说彩色的线是正极，而黑色/白色的线是负极。

9PIN跳线口诀：

缺针旁边插电源；电源对面插复位；电源旁边插电源灯，负

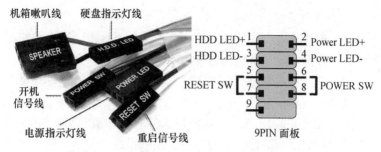

图 2—1　9 针跳线的连接

极近电源；复位旁边插硬盘灯，负极近复位。

（2）20 针跳线的连接。首先确定 SPEAKER（4PIN）的位置，然后，如果有 3PIN 在一起的，必然是接电源指示灯（只有电源指示灯可能会出现 3PIN），POWER SW（电源开关）一般都是独立在中间的两个 PIN，右侧接 RESET SW（复位开关），剩下的硬盘灯接较粗的印制框，电源指示灯和硬盘工作状态指示灯都是要分正负极的，如图 2—2 所示。

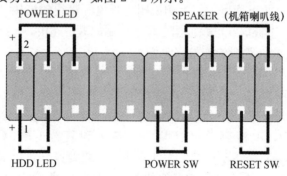

图 2—2　20 针跳线的连接

2. 前置 USB 的连接

现在一般的机箱都将前置 USB 的接线做成了一个整体，只要在主板上找到相应的插针，一起插上就可以了。一般来说，目前主板上前置 USB 的插针都采用了 9 PIN 的接线方式，并且在旁边都有明显的 USB 标志，前置 USB 插针与连线如图 2—3 所示。

图 2—3　前置 USB 插针与连线

前置 USB 连线上面一共有 8 根线，分别是 VCC、Data＋、Data－、GND，这种整合的就不用多说了，直接插上就行。如果是分开的，一般情况下都按照红、白、绿、黑的顺序连接，如图 2—4 所示。

机箱前置 USB 接口虽然连接起来相当简单，但一定要慎重，如果连接错误，只要接通电源即可将主板烧毁，因此在连接这些前置的 USB 接口时一定要细心。

3. 前置音频接线方法

为了方便用户，在大部分机箱上都设有前置音频接口，分为音箱和耳机两个插孔。在一些中高端的机箱中，这两个扩展接口的插头被集中在了一起，用户只要找准主板上的前置音频插针，按照正确的方向插入即可。由于采用了防呆式的设计，反方向无法插入，因此一般不会出现问题。

目前主板的音频电路规范一般为 AC97 和 HD Audio，AC97 已经逐渐被 HD Audio 取代。与现行的 AC97 相比，HD Audio 具有数据传输带宽大、音频回放精度高、支持多声道阵列麦克风音频输入、CPU 的占用率更低等特点。

常见的前置音频连接包括 AC97 连线（7 线）——AC97 插

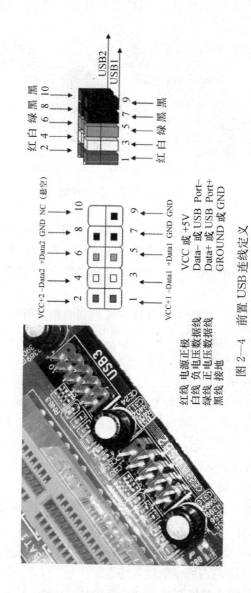

图 2—4 前置 USB 连线定义

座(见图2—5),AC97连线(7线)——HD Audio 插座(见图2—6),HD Audio 连线(9线)——HD Audio 插座(见表2—1)。

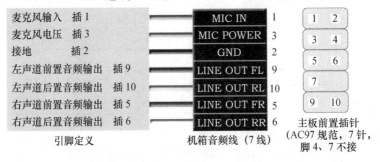

图2—5 AC97规范音频线与AC97插座连接

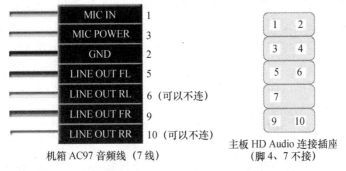

图2—6 AC97规范音频线与HD Audio插座连接

表2—1 HD Audio 规范音频线与HD Audio 插座连接

主板 HD Audio 连接插座	机箱 HD Audio 连接线	
主板针脚	音频插头标识	定义
1	PORT 1L	模拟口1—左声道
3	PORT 1R	模拟口1—右声道
2	GND	接地
4	PRESENCE#	设备存在信号
5	PORT 2R	模拟口2—右声道

续表

主板 HD Audio 连接插座	机箱 HD Audio 连接线	
主板针脚	音频插头标识	定义
6	SENSE1 _ RETURN	感知 1 返回
7	SENSE _ SEND	感知发送
9	PORT 2L	模拟口 2—左声道
10	SENSE2 _ RETURN	感知 2 返回

4. 电源与主板接口的连接

电源与主板的连接就比较简单了。在主流的主板上，都会有 2～3 个接口，一个是 24PIN（20＋4PIN，兼容 20PIN 主板插槽）的主板供电接口，另一个是 4PIN/8PIN 的 CPU 供电接口，有的主板还留有 6PIN 显卡供电接口，只要将这些接口正确与电源连接即可。由于主板接口采用了防呆式的设计，方向不对无法插入，因此只要看好卡扣的位置，正确插入即可。如图 2—7 所示为电源供电插头及主板电源插座。如图 2—8 所示为显卡 6PIN 供电插头与插座。

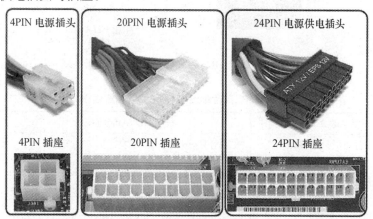

图 2—7　电源供电插头及主板电源插座

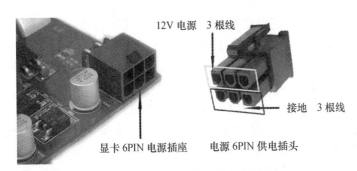

图 2—8 显卡 6PIN 供电插头与插座

三、安装 CPU、内存和显卡

1. 安装 CPU

安装 CPU 时应该先轻轻地 90°拉起 CPU 插槽旁边的拉杆，观察主板上 CPU 插槽，其中有些边角处并没有针孔，这一位置应该对应 CPU 上缺针的位置，如果方向反了，那么 CPU 是无法顺利嵌入 CPU 插槽的，如图 2—9 所示。

1. 轻轻地向上拉起 CPU 插槽旁边的拉杆
2. 对应 CPU 与插槽的缺针位置（或其他防误设置），轻轻插入 CPU

图 2—9 安装 CPU 步骤 1

此时 CPU 可以略带阻尼感地插入 CPU 插槽，然后放下拉杆，以固定 CPU。整个过程应该相当轻松，如果遇到很大的阻力，应该立即停止，因为这很可能是 CPU 插入方向错误所引起的。如果强行压下拉杆，会损坏 CPU。

在 CPU 的表面均匀地涂上一层导热硅胶，以确保 CPU 与散热片之间紧密接触。导热硅胶不能涂抹太多，装上 CPU 风扇应不溢出。

为了保证散热片和 CPU 核心接触紧密，扣具一般设计得十分紧，因此在安装时千万不能使用蛮力，细心装上扣具，固定住风扇，如图 2—10 所示。

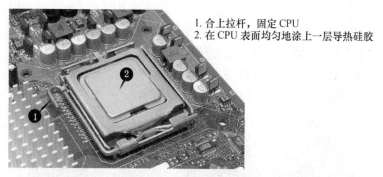

图 2—10　安装 CPU 步骤 2

最后为 CPU 风扇接上电源，不然短短的几秒钟就可能让 CPU 因过热而烧毁。如今 CPU 风扇都采用 4PIN（或 3PIN）电源接口，一般位于主板上 CPU 插槽的附近。电源接口有一个导向小槽，因此不会插反，如图 2—11 所示。

2. 安装内存条

目前主流内存主要是 DDR3、DDR2，可以通过内存插槽上的缺口来加以识别，DDR3 和 DDR2 内存接口上的缺口长短是完全不一样的。把内存条顺着防呆接口，用力按下去，卡扣就会自动把内存条从两边卡住。记住一定要安装在两个颜色相同的内存

1. 扣紧 CPU 风扇的扣具，固定住散热风扇

2. 将风扇电源插头接上主板上的电源插槽

图 2—11　安装 CPU 步骤 3

插槽上（对于支持双通道的配置而言），才能够组成双通道。

拔起内存条的时候，只需向外扳动两个卡扣，内存条即会自动从槽中脱出。当然拔插内存条的前提是要彻底切断主机电源。如图 2—12、图 2—13 所示为安装内存条步骤。

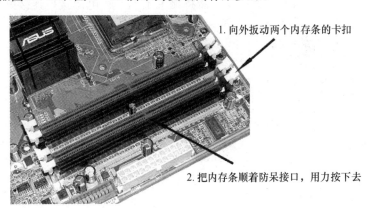

图 2—12　安装内存条步骤 1

3. 安装 PCI-E 显卡

在切断主机电源的情况下，拔除主板上 PCI-E 接口对应方向的机箱挡板，用手指按下主板上 PCI-E 显卡插槽上的卡扣，

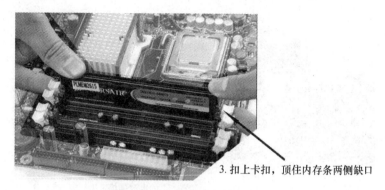

图 2—13 安装内存条步骤二

打开 PCI-E 显卡插槽上的卡扣，然后，将 PCI-E 显卡对准 PCI-E 插槽对应位置，然后轻轻用力向下按一下，如果听到咔嗒一声，表示显卡已经被安装到 PCI-E 插槽里了。检查显卡是否安装牢固，否则重新安装，最后使用螺钉将显卡与机箱固定好。如果显卡需要单独供电才能使用，需将显卡上的 6 针电源接口连接好。如图 2—14 所示为安装 PCI-E 显卡。

图 2—14 安装 PCI-E 显卡

四、安装硬盘及光驱

1. IDE 硬盘的安装

硬盘的安装相对简单，主要有以下几个步骤：

（1）跳线设置。硬盘在出厂时，一般都将其默认设置为主盘，跳线连接在"Master"的位置，如果计算机上已经有了一个作为主盘的硬盘，现在要连接一个作为从盘，那么，就需要将跳线连接到"Slave"的位置。

（2）固定硬盘。用螺钉将硬盘固定在机箱的硬盘位上，一般硬盘面板朝上，而有电路板的那个面朝下，有接线端口的那一个侧面向外。

（3）连接电源和数据线。硬盘连线包括电源线与数据线两条，插上4PIN电源接头（有防误操作设计，不至于插反），数据线连接时，根据接口缺口方向，正确插入，连接后，电源口的红色线与数据线的红边相邻，如图2—15所示。

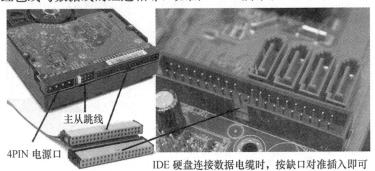

图2—15 IDE硬盘连接

2. SATA硬盘的安装

SATA硬盘具有传输速度快、安装方便、容易散热、支持热插拔等诸多优点，这些都是并行ATA硬盘无法与之相比的。SATA硬盘的安装和IDE硬盘类似，主要有以下几个步骤：

（1）固定SATA硬盘。这点与传统并行硬盘相同。

（2）为硬盘连接上数据线和电源线。SATA硬盘与传统硬盘在接口上有很大差异，SATA硬盘采用7针细线缆而不是常见的扁平硬盘线作为传输数据的通道。接下来用细线缆将SATA硬盘连接到接口卡或主板上的SATA接口上。由于SATA采用了点对点的连接方式，每个SATA接口只能连接一块硬盘，因此不必像并行硬盘那样设置跳线了，系统自动会将 SATA 硬盘设定为主盘。如图 2—16 所示为安装 SATA 硬盘。

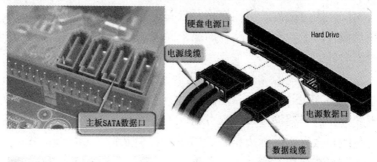

图 2—16　安装 SATA 硬盘

3. 安装光驱

常见的内置光驱分为 IDE 接口和 SATA 接口两种，它的安装步骤类似于相同接口的硬盘安装步骤。IDE 光驱和 SATA 光驱如图 2—17 所示。

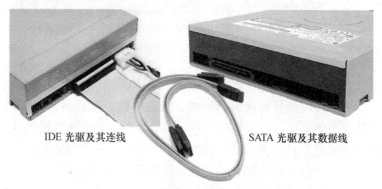

图 2—17　IDE 光驱和 SATA 光驱

（1）固定光驱。将光驱反向从机箱前面板装进机箱的 5.25 in 槽位。确认光驱的前面板与机箱对齐平整，在光驱的每一侧用两个螺钉初步固定，先不要拧紧，这样可以对光驱的位置进行细致的调整，然后再把螺钉拧紧。

(2) 安装数据线和电源线（与硬盘安装步骤相同）。

第二模块　连接外部设备及通电检查

一、连接键鼠、显示器、音箱

1. 连接键鼠

键盘鼠标与计算机连接方式有有线连接和无线连接两类。

(1) 有线连接。有线连接由计算机主机供电不需要额外的电源，而且信号传输稳定，不容易受到干扰，但使用范围要受到键盘鼠标连线长度的制约。有线键盘鼠标的接口有 PS/2 接口和 USB 接口两种，如图 2—18 所示，连接时只需直接和机箱的相应接口相连即可，其中 PS/2 接口得注意插入方向，一般键盘的 PS/2 接口用蓝色标志，鼠标的 PS/2 接口用绿色标志。

(2) 无线连接。无线连接的具体方式可分为无线、蓝牙等。

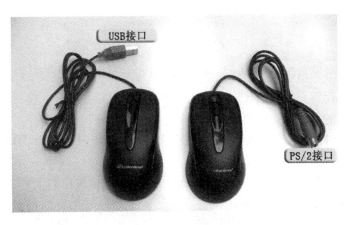

图 2—18　有线鼠标

无线连接方式没有连线的束缚，特别适用于某些特殊场合，其缺点是需要额外的电源，必须定期更换电池或充电，而且信号传输相对易受干扰。无线连接，只需把接收器插到机箱的 USB 接口，即可连接鼠标或者键鼠套装。使用蓝牙鼠标或者蓝牙键鼠时，主机得有蓝牙接收功能（台式机可以外接蓝牙接收器）。如图 2—19 所示为无线键鼠。

图 2—19　无线键鼠

2. 连接显示器

液晶显示器连接线包括数据线缆和电源线缆。

用适合的数据线缆，连接显示器和主机独立显卡（或集成显卡）的接口端，再给显示器连上电源线缆。

液晶显示器常见的数据线缆类型有 D-Sub（VGA）、DVI-D、HDMI 三种，如图 2—20 所示。

液晶显示器上最为常见的就是 D-Sub 模拟接口和 DVI-D 数字接口了，大多数液晶显示器都配备了这两种接口。和 D-Sub 接口相比，DVI-D 接口具有传输信号稳定、不易受到干扰、带宽更大等优点，显示文字也要比 D-Sub 接口更加清晰。

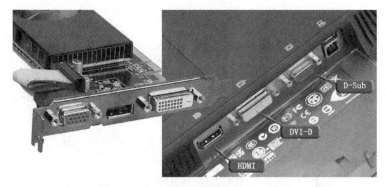

图2—20　液晶显示器的主要接口类型

HDMI（高清晰度多媒体）接口，是一种数字化视频/音频接口技术，是适合影像传输的数字化接口。相对于DVI-D接口，HDMI接口的体积更小，可以同时传送音频和视频信号，最高数据传输速度为5 Gbit/s，连接更加方便。

3. 连接音箱

家用计算机一般使用2.0或2.1的音箱，主板上集成有声卡，按照音箱的使用说明连接音频线，最后把标准3.5 mm耳机插孔插入主板背板的音频孔即可。

3个音频孔的主板集成声卡：绿色的插音箱线或耳机；粉红色的接麦克风；蓝色的接输入音源。6个孔的最高支持7.1声道，其中绿色——前扬声器输出，灰色——侧面扬声器输出，黑色——中央/重低音输出，橙色——后扬声器输出，如图2—21所示。当然在声卡控制面板里也可以进行设置，如图2—22所示。

二、计算机组装后的通电检查

1. 通电前的检查

为慎重起见，计算机硬件组装完成后通电之前应再做一次仔细的检查工作，具体步骤如下：

（1）电源电压应是220 V，插座处于关闭状态。

图 2—21 音频的连接

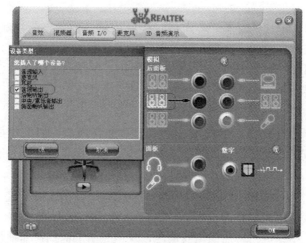

图 2—22 声卡控制面板

（2）检查主机内所有部件的线路是否接好，内存、显卡、CPU、CPU 风扇是否插好，前置面板的接线接得是否正确。

（3）检查是否有组装计算机时剩下的螺钉、螺钉垫等落在机箱内。

（4）检查各设备和主机是否连接正确、插好插牢。

2．加电调试

确定以上检查无问题后，可开机加电调试，具体步骤如下：

(1) 打开电源插座开关。

(2) 打开显示器开关，显示器灯亮。否则检查显示器电源线缆是否连接好，如电源线缆连接可靠显示器指示灯仍不亮，则显示器可能有问题。

(3) 按下机箱电源按钮，机箱电源风扇应转动，面板上的电源指示灯应亮，否则关机检查主机电源线缆是否连接好，如电源线缆连接可靠而风扇仍不转动，则主机电源可能有问题。

(4) 显示器指示灯应亮，一般为蓝色，观察显示器屏幕是否有显示。如果没有任何显示且主机发出"嘟嘟"的响声，则应关机检查内存条和显卡是否插好。

(5) 如主机正常而显示器不显示，则应关机检查显示器信号线缆是否连接好，如果连接可靠但显示器仍不显示（确保显示器是好的）则应关机检查，重点检查主板的跳线、CPU 的安装、内存条的安装、显卡和其他板卡的安装、硬盘及光驱信号线缆的连接等。

(6) 主机、显示器均正常显示，则应检查主机箱面板上的电源指示灯、硬盘灯等是否正常，如指示灯不亮则要检查、调整主板相应跳线的连接。

(7) 按动复位按钮，观察主机是否重新启动，否则检查复位按钮连接是否正确。

第三模块　BIOS 的设置

一、BIOS 基础

BIOS（Basic Input Output System，基本输入输出系统）是一组固化到计算机内主板上一个 ROM 芯片上的程序，它保存着计算机最重要的基本输入输出的程序、系统设置信息、开机后自检程序和系统自启动程序。其主要功能是为计算机提供最底层的、最直接的硬件设置和控制。

BIOS 设置不当会直接损坏计算机的硬件,建议不熟悉者慎重修改设置。用户可以通过设置 BIOS 来改变各种不同的设置。目前较流行的主板 BIOS 主要有 Award BIOS、AMI BIOS 等,本模块以某一品牌主板的 Award BIOS 为例粗略介绍主板的 BIOS 设置。

二、Award BIOS 设置

当屏幕上显示"Press Del to Enter BIOS Setup"提示信息时,按下键盘上的"Del"键,进入 BIOS 设置主菜单,可以用方向键移动光标,按回车键确认,按"Esc"键返回,按"PageUp""PageDown"键调整设置,在任何设置菜单中都可以按下"F10"键退出菜单并保存设置。

常见的设置选项有 Auto(自动设置)、Disabled(关闭)和 Enabled(开启)。

Award BIOS 设置程序主界面如图 2—23 所示,Award BIOS 设置程序功能项见表 2—2。

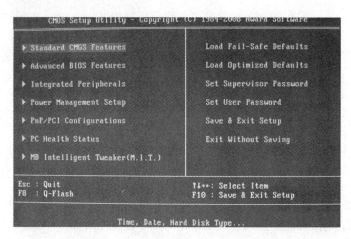

图 2—23 Award BIOS 设置程序主界面

表 2—2　　　　　Award BIOS 设置程序功能项

Award BIOS 设置	
BIOS 功能项	定义
Standard CMOS Features	标准 CMOS 设定
Advanced BIOS Features	进阶 BIOS 功能设定
Integrated Peripherals	整合周边设定
Power Management Setup	省电功能设定
PnP/PCI Configurations	即插即用与 PCI 组态设定
PC Health Status	计算机健康状态
MB Intelligent Tweaker (M. I. T.)	频率/电压控制
Load Fail—Safe Defaults	载入最安全预设值
Load Optimized Defaults	载入最优化预设值
Set Supervisor Password	设定管理者密码
Set User Password	设定使用者密码
Save & Exit Setup	存储设定值并结束设定程式
Exit Without Saving	结束设定程式但不存储设定值

1. Standard CMOS Features（标准 CMOS 设定，见图 2—24）

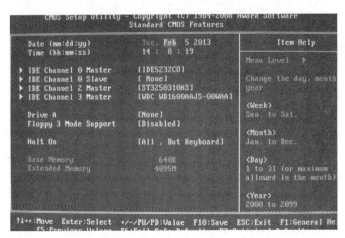

图 2—24　标准 CMOS 设定

设置系统日期、时间，IDE/SATA 设备参数设定，系统暂停选项设定（Halt On）等。参数一般不需用户设置，保持默认的就可以了。

2. Advanced BIOS Features（进阶 BIOS 功能设定，见图 2—25）

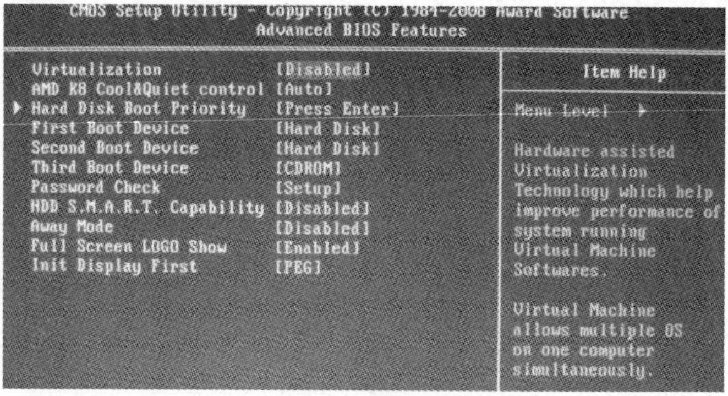

图 2—25　进阶 BIOS 功能设定

设定开机磁碟/装置的优先顺序及开机显示装置选择等。

（1）Hard Disk Boot Priority（硬盘引导顺序）。硬盘引导顺序可选择硬盘开机的优先级，按下"Enter"键，可以进入它的子选单，它会显示出已侦测到的硬盘，用来启动系统。当然，这个选项要在安装了两块或者两块以上硬盘的系统才能选择。

（2）First/Second/Third Boot Device（第一/二/三开机装置）。选择要作为第一、第二以及第三顺序开机的装置，BIOS 将会依据所选择的开机装置，依照顺序来启动操作系统，其中可以选择的设备根据安装的设备而定。

（3）其他参数一般不需用户设置，保持默认即可。

3. Integrated Peripherals（整合周边设定，见图 2—26）

（1）On-Chip MAC Lan（内建网络功能）。设定是否启动板载网卡功能，预设值 Auto，如果要安装 PCI 网卡需设为 Disabled。

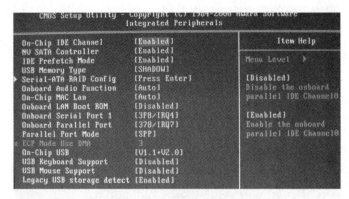

图 2—26 整合周边设定

（2）Onboard Audio Function（内建音效功能）。设定是否启动板载音效功能，预设值 Auto，如果要安装 PCI 网卡需设为 Disabled。

（3）USB Keyboard Support（支持 USB 规格键盘）。设定是否在 MS-DOS 下使用 USB 键盘的功能。

（4）USB Mouse Support（支持 USB 规格鼠标）。设定是否在 MS-DOS 下使用 USB 鼠标的功能。

4. Power Management Setup（省电功能设定，见图 2—27）

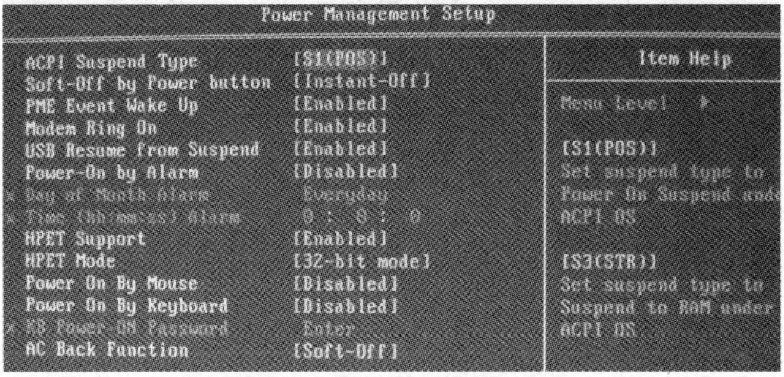

图 2—27 省电功能设定

设置系统的省电功能运作方式。

5. PnP/PCI Configurations（即插即用与 PCI 组态设定，见图 2—28）

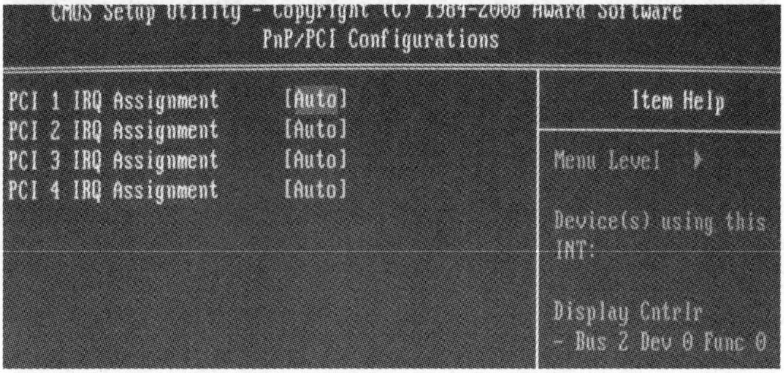

```
CMOS Setup Utility - Copyright (C) 1984-2006 Award Software
                    PnP/PCI Configurations

 PCI 1 IRQ Assignment    [Auto]              Item Help
 PCI 2 IRQ Assignment    [Auto]
 PCI 3 IRQ Assignment    [Auto]         Menu Level  ▶
 PCI 4 IRQ Assignment    [Auto]
                                        Device(s) using this
                                        INT:

                                        Display Cntrlr
                                        - Bus 2 Dev 0 Func 0
```

图 2—28　即插即用与 PCI 组态设定

设定 PnP（即插即用）以及 PCI 的相关参数。

PCI1～PCI4 IRQ Assignment（四组 PCI 插槽的 IRQ 地址），默认值为 Auto。

6. PC Health Status（计算机健康状态，见图 2—29）

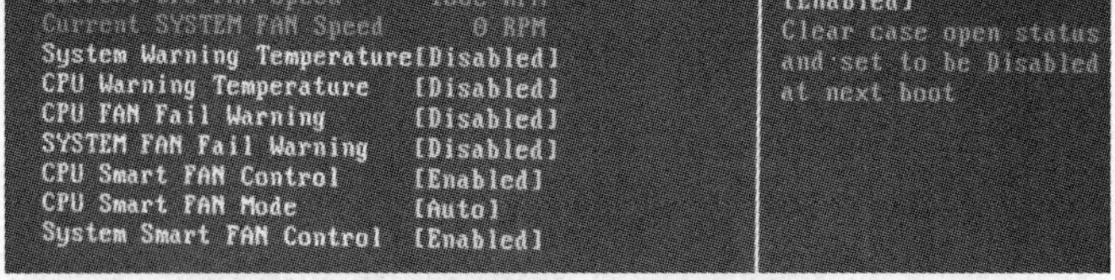

```
                       PC Health Status

 Reset Case Open Status    [Disabled]              Item Help
 Case Opened               No
 Vcore                     OK                 Menu Level  ▶
 DDR2 1.8V                 OK
 +3.3V                     OK                 [Disabled]
 +12V                      OK                 Don't reset case
 Current System Temperature   100°C           open status
 Current CPU Temperature      35°C
 Current CPU FAN Speed        1662 RPM        [Enabled]
 Current SYSTEM FAN Speed     0 RPM           Clear case open status
 System Warning Temperature[Disabled]         and set to be Disabled
 CPU Warning Temperature   [Disabled]         at next boot
 CPU FAN Fail Warning      [Disabled]
 SYSTEM FAN Fail Warning   [Disabled]
 CPU Smart FAN Control     [Enabled]
 CPU Smart FAN Mode        [Auto]
 System Smart FAN Control  [Enabled]
```

图 2—29　计算机健康状态

显示系统自动侦测到的温度、电压及风扇转速等信息。

（1）SYSTEM Warning Temperature：系统温度警告

（2）CPU Warning Temperature：CPU 温度警告

（3）CPU FAN Fail Warning：CPU 风扇故障警告功能

（4）SYSTEM FAN Fail Warning：系统风扇故障警告功能

（5）CPU Smart FAN Control：CPU 智能风扇转速控制

（6）CPU Smart FAN Mode：CPU 智能风扇控制模式

（7）System Smart FAN Control：系统智能风扇转速控制

7. MB Intelligent Tweaker（M.I.T.）（频率/电压控制，见图 2—30）

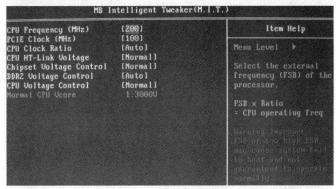

图 2—30　频率/电压控制

提供调整 CPU/记忆体时钟、倍频、电压的选项。如果不是很了解，建议不做修改。

8. Load Fail-Safe Defaults（载入最安全预设值，见图 2—31）

载入 BIOS 最安全的预设值，虽然保守，但保证系统开机时更加稳定。

回车后，出现如图 2—31 所示红色对话框，按"Y"键即可确认载入。

9. Load Optimized Defaults（载入最优化预设值，见图 2—32）

载入 BIOS 的最佳化预设值，能更有效发挥主机板的运作

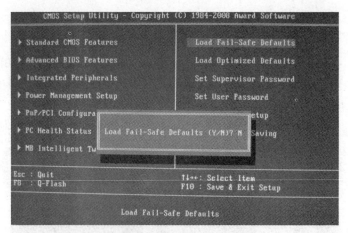

图 2—31　载入最安全预设值

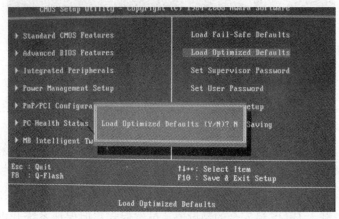

图 2—32　载入最优化预设值

效能。

回车后，出现如图 2—32 所示红色对话框，输入 Y，即可确认载入。

10. Set Supervisor Password（设定管理者密码，见图 2—33）

设定一组密码，以管理开机时进入系统或进入 BIOS 设定程

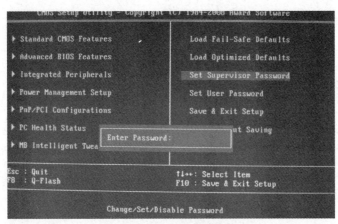

图 2—33　设定管理者密码

式修改 BIOS 的权限。管理者密码允许使用者进入 BIOS 设定程式修改 BIOS 设定。

11. Set User Password（设定使用者密码，见图 2—34）

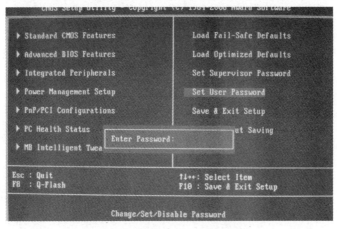

图 2—34　设定使用者密码

设定一组密码，以管理开机时进入系统或进入 BIOS 设定程式的权限。使用者密码允许使用者进入 BIOS 设定程式但无法修改 BIOS 设定。

12. Save & Exit Setup（存储设定值并结束设定程式）

储存已变更的设定值至 CMOS 并离开 BIOS 设定程式。按"Y"键或按"F10"键便可离开 BIOS 设定程式并重新开机，以便应用新的设置值。

13. Exit Without Saving（结束设定程式但不存储设定值）

不存储修改的设定，保留旧有设定重新开机。按"Esc"键也可直接执行本功能。

第三单元　安装 Windows 系统

计算机安装 Windows 系统的方法有许多种，第一种是原版光盘安装系统，也就是使用微软官方发布 Windows 安装光盘安装系统；第二种是 USB 启动安装；第三种是使用根据微软官方发布的系统改变制作的 Ghost 安装盘。对于新手来说用原版光盘安装系统或者用 Ghost 安装盘安装相对简单易学一些。

第一模块　安装前准备

安装系统前要事先做好以下准备工作：
- 准备好系统盘（系统光盘、USB 启动安装盘、Ghost 镜像文件）和主板、显卡等设备的驱动盘。
- 将要装系统的 C 盘中有用的数据保存到其他分区盘中。
- 将驱动程序备份到 D 盘备用。
- 如果是新装配计算机第一次安装系统，建议先对硬盘进行分区。

一、使用光盘安装系统

1. 设定系统从光驱启动

重启计算机，按"Del"键进入 BIOS 界面，进入 Advanced BIOS Features（进阶 BIOS 功能设定），用键盘方向键选定 First Boot Device，用"PgUp"键或"PgDn"键翻页将它右边的项目改为 CDROM（光驱启动），按"Esc"键，再按"F10"键，再按"Y"键，回车，保存并退出。

2. 将Windows安装光盘插入光驱，重启，在看到屏幕底部出现CD……字样的时候，及时按任意键，系统从光盘启动，之后便可进入安装程序。

二、使用U盘安装系统

1. 准备一个系统镜像文件。

2. 使用软件制作一个U盘启动盘，并载入镜像。

首先下载一个U盘启动盘制作软件（下面以UltraISO为例），下载UltraISO，安装并运行。

进入主界面后（见图3—1），单击"文件/打开"菜单，弹出"打开ISO文件"对话框，选取准备的镜像文件，单击"打开"，载入镜像，如图3—2所示。

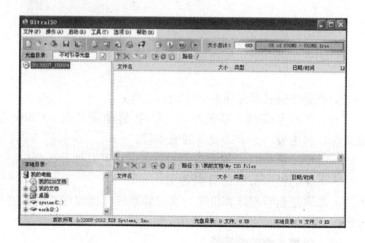

图3—1　UltraISO的主界面

单击"启动/写入硬盘映像"，弹出"写入硬盘映像"对话框，如图3—3所示。检查"硬盘驱动器"下拉列表框中标明的U盘是否正确，并设定"写入方式"（设定U盘的仿真启动模式），见表3—1。

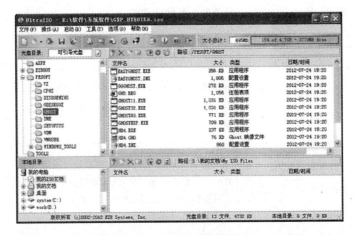

图 3—2 UltraISO 载入镜像

图 3—3 "写入硬盘映像"对话框

先单击"格式化"按钮,格式化磁盘,然后单击"写入"按钮开始,如图 3—4 所示。

表 3—1　　　　　　　　U 盘的仿真启动模式

U 盘的启动模式	
启动模式	说明
USB-HDD （硬盘仿真模式）	DOS 启动后显示 C：盘，此模式兼容性很高，但对于一些只支持 USB-ZIP 模式的计算机则无法启动
USB-ZIP （大容量软盘仿真模式）	DOS 启动后显示 A 盘，此模式在一些比较老的计算机上是唯一可选的模式，但对大部分新计算机来说兼容性不好，特别是大容量 U 盘
USB-HDD+ （增强的 USB-HDD 模式）	DOS 启动后显示 C：盘，兼容性极高。其缺点在于对仅支持 USB-ZIP 的计算机无法启动
USB-ZIP+ （增强的 USB-ZIP 模式）	支持 USB-HDD/USB-ZIP 双模式启动，从而达到很高的兼容性。其缺点在于有些支持 USB-HDD 的计算机会将此模式的 U 盘认为是 USB-ZIP 来启动，从而导致 4 GB 以上大容量 U 盘的兼容性有所降低

刻录成功，如图 3—4 所示。USB-ZIP+ 的系统安装 U 盘制作成功。

3. 在 BIOS 中或者在开机启动顺序设置中把 USB 设备设置为第一启动。

4. 插上 U 盘，重启计算机，从 U 盘启动，进入安装程序。

三、使用 Ghost 镜像文件安装系统

1. 重装系统

（1）进入 Windows 系统，解压 Ghost 安装文件至硬盘中的非系统分区，如 d：、e：。

（2）在系统中安装"一键 GHOST"之类的程序。

图 3—4 写入硬盘映像

(3) 重启系统,选择"一键 GHOST"选项,载入 Ghost 文件,进入安装程序。

2. 新机首次安装

(1) 对硬盘分区。

(2) 准备带 Ghost 软件的引导光盘或 U 盘。

(3) 运行 Ghost 软件,载入 Ghost 文件,进入安装程序。

第二模块　认识 WinPE

WinPE(Windows Preinstall Environment,Windows 预安装环境)。WinPE 系统是运行于内存只装载 Windows 内核的迷你系统,是一个维护环境。用户可以任意操作硬盘上的文件,也可以格式化系统分区,也可以在 WinPE 系统下,预先把安装程序拷贝至硬盘,然后从硬盘安装系统。

一、进入 WinPE 系统

下面以老毛桃 WinPE-U 盘版为例（事先下载老毛桃 U 盘启动盘制作工具，运行该软件，插入一个适当容量的 U 盘，制作 WinPE 启动 U 盘，制作完毕，拷贝 Windows 安装镜像文件至 U 盘的 GHO 文件夹）。

插入老毛桃启动 U 盘，重启计算机，选择 U 盘启动，出现如图 3—5 所示的菜单。

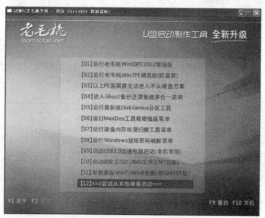

图 3—5　老毛桃启动菜单

选择【01】运行老毛桃 Win03PE2012 增强版，或者选择【02】运行老毛桃 Win7PE 精简版（防蓝屏），WinPE 界面如图 3—6 所示。

二、使用 DiskGenius 分区

DiskGenius 分区工具是常用的硬盘分区工具，简单方便，下面介绍怎样给硬盘进行分区。

第一步：用鼠标双击该工具，可打开 DiskGenius，操作步骤如图 3—7 所示。

第二步：选择所需要分区的硬盘，注意查看硬盘容量大小，以免误分其他硬盘。

图 3—6　WinPE 界面

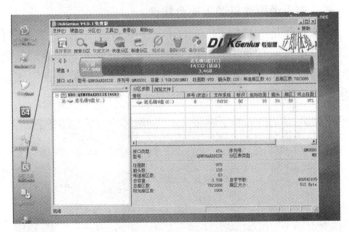

图 3—7　DiskGenius 分区工具

第三步：鼠标放在所要分区的硬盘上面，鼠标右击会出现下面的选择菜单，如图 3—8 所示。

然后根据需要单击相应的菜单项，如果是要建立系统盘，必须是主分区（如果不是，可以单击"转换为主分区"），完成相应操作后，单击"保存更改"按钮。

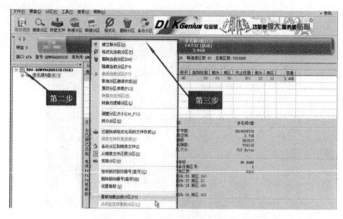

图 3—8　DiskGenius-右键菜单

三、使用虚拟光驱装入光盘镜像

虚拟光驱是一种模拟（CD/DVD-ROM）工作的工具软件，可以生成和实际光驱功能一模一样的光盘镜像，工作原理是先虚拟出一部或多部虚拟光驱后，将存放在硬盘上镜像文件装入虚拟光驱中来使用。其操作步骤如图 3—9 至图 3—11 所示。

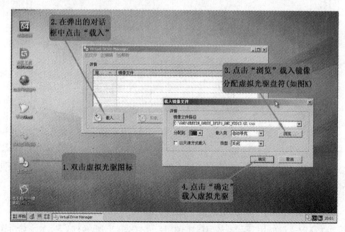

图 3—9　运行虚拟光驱

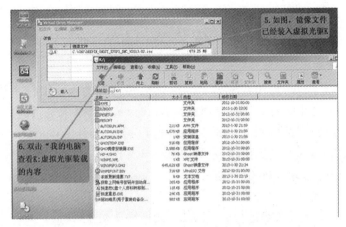

图3—10 虚拟光驱装入镜像文件

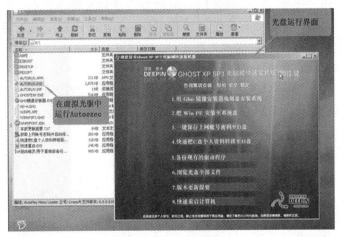

图3—11 光驱运行界面

四、WinPE 一键装机

将 GHO 镜像或者包含有 GHO 的 ISO 文件复制到启动 U 盘的 GHO 文件夹下，进入 WinPE 时会自动弹出一键安装程序，运行"WinPE 一键装机"。

第三模块　安装 Windows 系统

Windows 操作系统是美国微软公司开发的视窗操作系统，采用了人性化的图形操作模式，Windows 操作系统是目前世界上使用最广泛的操作系统。目前使用的版本为 Windows 7 和 Windows XP，最新版本为 Windows 8。

一、安装 WinXP 系统

1. 原版光盘安装系统

（1）对 BIOS 进行设置，使系统能够从光盘启动。

选择 Advanced BIOS Features 选项，按"Enter"键进入设置程序，选择 First Boot Device 选项，然后按键盘上的"Page Up"键或"Page Down"键将该项设置为 CD-ROM，这样就可以把系统改为光盘启动，按下"F10"键，然后再按"Y"键，保存 BIOS 设置并退出。

（2）然后将光盘放入光驱，并重启计算机，系统便会从光盘进行引导，并显示安装向导界面，可以根据提示一步一步进行安装设置。

……

按"F8"键接受许可证协议；

选择想要安装的位置（一般选择 C 盘，建议空间大于 30 GB），按"Enter"键；

选择文件系统（NTFS 或者 FAT32），按"Enter"键；

……

计算机重新启动（建议退出光盘，否则系统仍会从光盘启动并会循环安装）；

从硬盘启动继续安装过程，此时开始是图形界面模式；

硬件检测后，选择区域提示（配置语言，键盘和地区）；

提示输入用户名,并生成一个计算机名;
输入产品注册码、输入管理员密码;
时区和时间设置;
网络组件安装、配置网络;
检测并安装一系列 Windows 组件及服务;
……

2. 使用 Ghost 文件从硬盘安装

(1) 使用 Ghost 版 Windows 安装文件重装系统。使用下载的 Ghost 安装文件重装系统时,就先把 Ghost 类型的安装文件拷贝至系统分区以外的分区,如 D:,然后运行"一键 GHOST"之类的程序,找到并装入 Ghost 文件,覆盖到系统分区,再自动安装调整。

(2) 恢复克隆文件。恢复克隆文件即使用本机备份的 Ghost 文件,把系统恢复到克隆时的状态。首先运行"一键 GHOST"之类的程序,装入 GHO 文件,覆盖文件到系统分区,即可恢复克隆时状态。

注意:不要把目标分区(Partition)弄错了,不然会把目标盘的数据全部抹掉,所以一定要细心、认真。

3. Ghost 软件使用示例

Ghost 软件界面中相关词汇的含义见表 3—2。

表 3—2　　Ghost 软件界面中相关词汇的含义

词汇	在 Ghost 中所表达的含义
Disk	磁盘
Partition	即分区,在 Win 系统里,每个硬盘盘符对应着一个分区
Image	镜像,是 Ghost 中存放硬盘或分区内容的文件格式,扩展名为 .gho
To	到 Ghost 里,理解为 to 即为"备份到"的意思
From	从 Ghost 里,理解为 from 即为"从……还原"的意思

(1) 使用 Ghost 备份分区。运行 Ghost，进入 Ghost 程序界面，依序操作，备份步骤如图 3—12 至图 3—17 所示，其中相关词汇的含义见表 3—3。

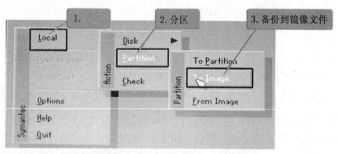

图 3—12　Ghost 备份步骤 1

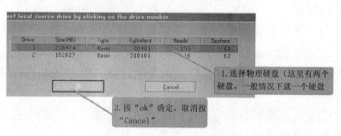

图 3—13　Ghost 备份步骤 2

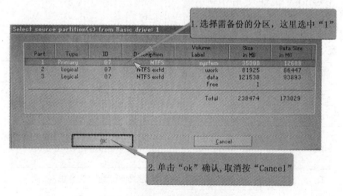

图 3—14　Ghost 备份步骤 3

图 3—15　Ghost 备份步骤 4

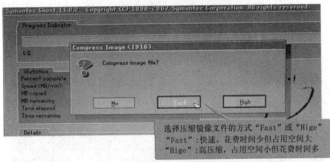

图 3—16　Ghost 备份步骤 5

图 3—17　Ghost 备份步骤 6

表 3—3　　Ghost 软件 Local/Partition 菜单下的三个子菜单详解

词汇	在 Ghost 中所表达的含义
To Partition	将一个分区（称源分区）直接复制到另一个分区（目标分区）。操作时，目标分区空间不能小于源分区
To Image	将一个分区备份为一个镜像文件。存放镜像文件的分区不能是要备份的那个分区，要有足够的剩余空间
From Image	从镜像文件中恢复分区（将备份的分区还原）

镜像文件创建完成后，弹出"Image Creation Completed Successfully"对话框，提示"镜像文件创建成功"，单击"Continue"按钮，完成创建过程。

(2) 使用 Ghost 恢复分区。从原有备份的镜像文件中恢复分区，恢复步骤如图 3—18 至图 3—25 所示。

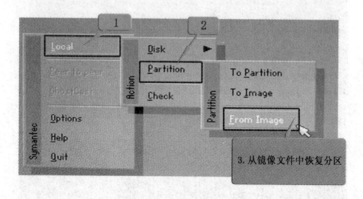

图 3—18　Ghost 恢复步骤 1

按"Reset Computer"键重启计算机，计算机系统分区便恢复到备份时的状态。

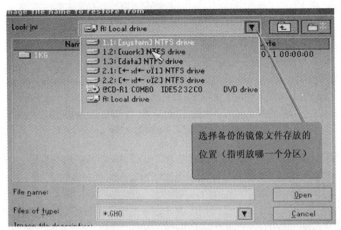

图 3—19　Ghost 恢复步骤 2

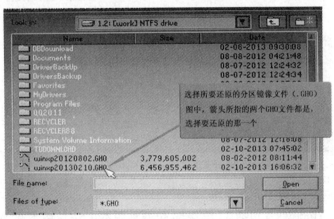

图 3—20　Ghost 恢复步骤 3

4. 使用镜像文件从 U 盘启动安装

将镜像文件拷贝到 U 盘（如果是老毛桃启动 U 盘，拷贝镜像文件至 GHO 文件夹），更改开机启动顺序，从 U 盘启动，进入 WinPE 系统，运行"一键 Ghost"或运行虚拟光驱装载镜像文件安装。

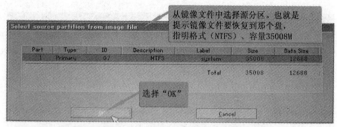

图 3—21　Ghost 恢复步骤 4

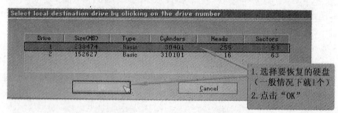

图 3—22　Ghost 恢复步骤 5

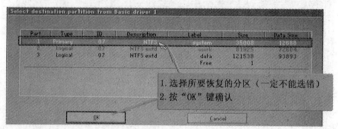

图 3—23　Ghost 恢复步骤 6

二、安装 Win 7 系统

Windows 7 包括 32 位及 64 位两种版本，32 位版本与 Windows XP 系统类似，所支持的最大内存不超过 3.5 GB，如果计算机的内存大于 4 GB，则建议安装 64 位版本。

安装 Windows 7 时，内存最低要 1 GB，系统分区空间不要低于 16 GB（建议 20 GB 以上）。

Windows 7 的安装方法与安装 Windows XP 类似，这里不做详述。

图 3—24　Ghost 恢复步骤 7

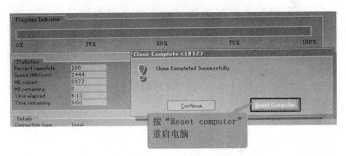

图 3—25　Ghost 恢复步骤 8

第四单元　安装应用软件

安装 Windows 操作系统后，根据实际需要安装相关的应用软件。各种类别的应用软件中相同或功能相似的软件有很多种，用户可以挑选时下主流的软件加以安装，当然也可以根据自己的习惯更换、增删软件。

第一模块　常用应用软件安装

一、常用软件介绍

以下把常用的软件按"系统工具""办公应用""媒体影音""网络工具""图形图像"加以分类，所罗列的仅仅是一般装机时常用的应用软件，见表4—1。

表4—1　　　　　常见的装机应用软件

类别	软件名称	软件描述
系统工具	驱动精灵	是一款驱动管理和维护工具。为用户提供驱动备份、恢复、安装、删除、在线更新等实用功能 类似功能的软件还有"鲁大师""驱动人生"等
	超级兔子	是一款集系统优化、补丁升级、硬件检测和软件管理功能于一身的辅助软件 类似功能的软件还有"魔方优化大师"等
	一键GHOST	包括有一键备份系统、一键恢复系统、中文向导、GHOST、DOS工具箱等功能 类似功能的软件还有"一键还原精灵"等

续表

类别	软件名称	软件描述
系统工具	金山卫士、金山毒霸套装	金山毒霸负责防护杀毒、上网保护。金山卫士负责木马查杀、修复漏洞、系统优化、软件管理 类似功能的软件还有"360杀毒+安全卫士"等
	搜狗拼音	是目前国内主流的拼音输入法之一，是当前网上用户好评度高、功能强大的拼音输入法之一 类似功能的软件还有"百度拼音""QQ拼音"等
	WinRAR	RAR压缩文件管理器，是一个集创建、管理和控制压缩文件的强大工具。在Win 7中，有32位和64位两个版本 类似功能的软件还有"WinZIP"等
办公应用	Office	是微软开发的办公软件程序组，其中最基本的组件是Word、Excel、Access等，目前的版本有Office 2003、2007、2010等 类似功能的软件还有"金山WPS"等
	Nero刻录	知名的光盘刻录软件，但近年来的版本功能过于庞大，用户安装时需选择性安装 类似功能的软件还有"光盘刻录大师"等
	Adobe Reader	是用于查看、打印和管理PDF的文档阅读软件，文档的撰写者可以自己通过Adobe制作PDF文档 类似功能的软件还有"Foxit Reader（福昕PDF阅读器）"等
媒体影音	暴风影音	本地视频和在线视频的主要播放软件，在持续强化万能播放器的同时，同步发展高清在线视频服务 类似功能的软件还有"RealPlayer"等
	千千静听	是一款集播放、音效、转换、歌词等众多功能于一身的音频软件，具小巧精致、操作简捷、功能强大的特点 类似功能的软件还有"酷狗音乐"等

续表

类别	软件名称	软件描述
媒体影音	PPTV	是一款免费网络电视直播软件，使用网状模型，有效解决了网络视频点播服务的带宽和负载有限问题，具有播放流畅的特性 类似功能的软件还有"PPS"等
网络工具	浏览器	国内网络浏览器种类较多，常见的有：遨游浏览器、360浏览器、谷歌浏览器、搜狗浏览器、IE浏览器、火狐浏览器等
网络工具	迅雷	网络下载软件，使用先进的超线程下载技术，让用户能够以更快的速度从第三方服务器和计算机获取所需的数据文件 类似功能的软件还有"网际快车"等
网络工具	腾讯QQ	是一款基于网络的即时通信软件，具有在线网络聊天、视频电话、点对点断点续传文件、共享文件、网络硬盘、QQ邮箱等多种功能 类似功能的软件还有"微软MSN"等
网络工具	阿里旺旺	是网上购物的商务沟通软件，它分为买家版和卖家版，安装时需注意区分
图形图像	ACDSee	是流行的看图工具，它具有良好的操作界面、简单的操作方式、优质的解码方式、强大的图形文件管理等功能
图形图像	光影魔术手	是一款对数码照片画质进行改善及效果处理的软件，具有简单、易用等特点，可以对数码照片进行后期处理，获得理想的效果 类似功能的软件还有"iSee图片专家"等

二、常用软件安装

计算机安装完 Windows 操作系统后，接下来就要安装相应的应用软件，安装软件本着适用、够用原则，安装自己所必需的应用软件。现在许多软件都是免费的，用户可以上官网或者软件网站下载，所以安装完 Windows 系统后，应先配置网络。

接上网线或者插上无线网卡后，首先进行计算机网络配置，如图 4—1、图 4—2 所示。

配置完网络后，可以进行软件安装，软件种类很多，常见软

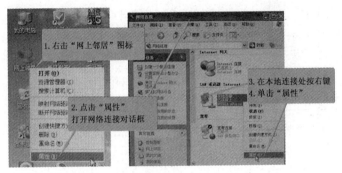

图 4—1　网络设置 1

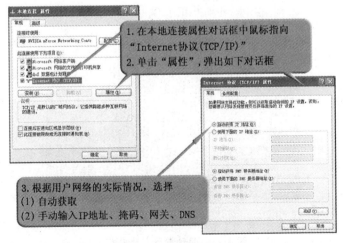

图 4—2　网络设置 2

件安装形式见表 4—2。

表 4—2　　　　　常见软件安装形式

安装文件形式		说明
单一的可执行文件		软件为单个文件形式，扩展名为 EXE，直接双击运行即可安装
组文件	压缩包	先解压（计算机需安装有 WinRAR 或类似解压软件）
	自解压压缩包	双击解压
	非压缩程序组	一组文件，以光盘或文件夹形式

对于组文件类型，寻找 setup.exe 或者 Install.exe 文件，或者以软件名称出现的文件，双击运行。

以几个常用软件为例，对软件安装加以说明。

1. 安装驱动精灵

下载驱动精灵安装程序（尽量从官网下载），下载后，运行下载好的安装程序（DG_2012_SP6_30254U.exe，约 15.7 MB），弹出如图 4—3、图 4—4 所示的安装向导，依据提示逐步安装。

图 4—3　驱动精灵安装界面 1

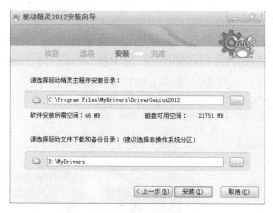

图4—4 驱动精灵安装界面2

安装目录、驱动文件下载和备份目录如果无特殊要求，可以按默认设置不作修改，单击安装（安装时注意把其他绑定的软件选项去除）。

安装成功后，运行驱动精灵，自动检测硬件，如有问题可以单击"立即解决"，如图4—5所示。驱动安装调试正确后，可以单击"驱动管理"选项卡，进行驱动备份。

图4—5 运行驱动精灵

2. 安装迅雷

进入迅雷软件中心，下载迅雷 7 安装程序，下载后，运行下载好的安装程序（Thunder7.2.13.3882.exe，约 27.2 MB），弹出安装向导，依据提示逐步安装，如图 4—6 所示。

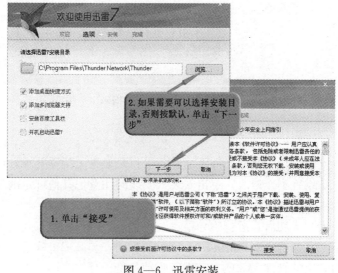

图 4—6 迅雷安装

安装完毕后，在弹出的设置向导中配置默认存储目录等，最后进行网络测试（可以终止测试，删除测试任务）。

迅雷下载任务时，可以在主界面选择"正在下载"选项，查看各任务的下载情况，也可先选中相应的下载任务，然后再单击工具栏上的相应按钮，来选择"暂停任务"还是"删除任务"或者"开始任务"，下载结束，可以删除任务。

3. 安装 Office 办公软件

Office 的版本有 2003、2007、2010 等，2007 版本开始，使用图形工具按钮取代菜单。下面以 Office 2003 版本为例说明 Office 安装过程。

运行安装程序 setup.exe，输入产品密匙，单击"下一步"；

接受许可协议（打钩），单击"下一步"，如图4—7所示。

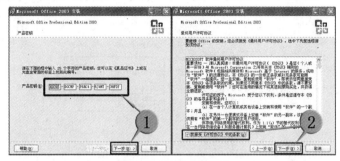

图4—7　Office安装1

选择安装类型：

如果选择a：典型安装，如图4—8所示的步骤3a、4a。

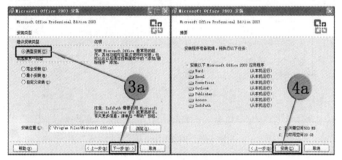

图4—8　Office安装2

如果选择b：自定义安装，如图4—9、图4—10所示的步骤3b、4b、5b、6b。

步骤4b：选择需要安装的应用程序（不想安装的程序，应把复选框前面的钩去掉）。

步骤5b：在每个程序的前端图标中按右键选择安装方式（安装全部功能或其他）。

执行4a或者6b后，Office安装程序进行安装操作，如图4—11所示，最后单击"完成"。

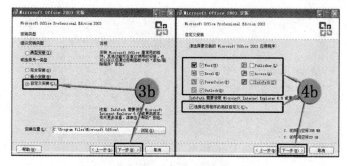

图 4—9 Office 安装 3

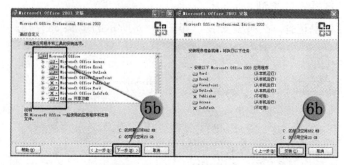

图 4—10 Office 安装 4

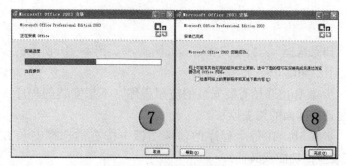

图 4—11 Office 安装 5

Office 2003 安装完毕,"开始/所有程序"菜单如图 4—12 所示。

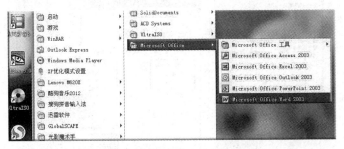

图 4—12　Office 安装完毕的程序菜单

4. 安装 WinRAR

WinRAR 分为 64 位版本和 32 位版本,以 32 位版本为例,运行安装程序(WinRAR.exe,约 1.54 MB),弹出如图 4—13 所示的安装向导,依据提示逐步安装。

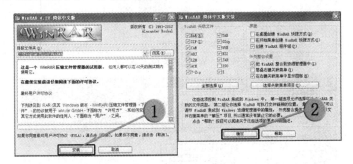

图 4—13　WinRAR 安装界面

WinRAR 通常用于文件压缩和解压,其中对压缩文件还可以增设密码保护。压缩文件操作界面如图 4—14 所示,设置密码方法如图 4—15 所示。

双击压缩文件,弹出 WinRAR 工作界面,对文件进行解压操作,如图 4—16 所示。

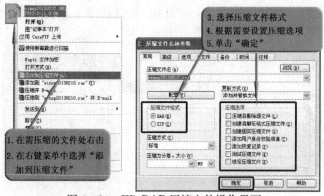

图 4—14 WinRAR 压缩文件操作界面

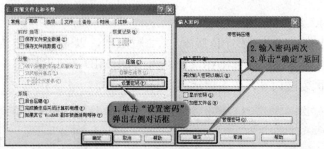

图 4—15 WinRAR 设置密码方法

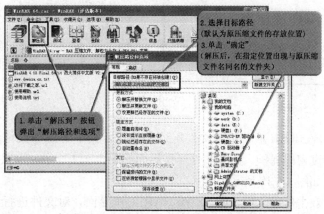

图 4—16 WinRAR 文件解压操作界面

5. 安装超级兔子

进入超级兔子官网，下载安装程序（r2012setup-12.2.4.0.exe，约18.6 MB），下载完成后运行安装文件，在安装向导中，依据提示逐步安装。安装后的运行界面如图4—17所示。

图4—17　超级兔子运行界面

6. 安装一键GHOST

进入一键GHOST官网，下载安装程序（1KG_20130123_HD.rar，约18.6 MB），下载完成后解压，运行安装文件"一键GHOST硬盘版.exe"，弹出如图4—18所示的安装向导，依据提示逐步安装。

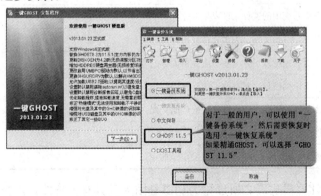

图4—18　一键GHOST操作界面

第二模块　病毒与木马防治软件

一、认识病毒和木马

计算机的安全威胁主要有计算机病毒、木马、恶性插件、恶意修改系统等。

1. 病毒

计算机病毒是指编制者在计算机程序中插入具有破坏计算机功能或者破坏数据，影响计算机使用并且能够自我复制的一组计算机指令或者程序代码。计算机病毒是某些人利用计算机软件和硬件所固有的漏洞编制的一组指令集或程序代码，它能通过某种途径潜伏在计算机里，被激活时能感染其他程序，对计算机资源进行破坏。

计算机中病毒后的常见症状见表4—3。

表4—3　　　　计算机中病毒后的常见症状

计算机系统运行速度减慢
计算机系统经常无故发生死机，无故重新启动
计算机系统中的文件长度发生变化
恶意删除系统文件、丢失文件或损坏文件
系统引导速度减慢，一些不应驻留内存的程序驻留内存
系统不识别硬盘，对存储系统异常访问
修改文件的属性，用病毒文件取代原文件
文件无法正确读取、复制或打开
键盘输入异常，一些外部设备工作异常

计算机病毒之所以称为病毒是因为其具有传染性，传播途径通常有以下几种，见表4—4。

表 4—4　　　　　　计算机病毒的传播途径

通过可移动存储设备	插入带有病毒的 U 盘、移动硬盘等可移动存储设备，激活病毒后，病毒通过内存会传染给未被感染硬盘上的相关文件
通过网络	随着 Internet 的普及，使得病毒传播更迅速、反病毒的任务更加艰巨。Internet 带来两种不同的安全威胁，一种威胁来自文件下载，这些被浏览的或是被下载的文件可能存在病毒；另一种威胁来自电子邮件的附件，网络使用的简易性和开放性使得这种威胁越来越严重
通过光盘	光盘，特别是盗版光盘，有意或无意间隐藏着病毒，由于此类的光盘多为只读式光盘，不能进行写操作，因此光盘上的病毒不能清除

虽然计算机病毒的危害性大，但只要采取适当的防护软件与防护措施，计算机病毒还是可防可控的，常见的预防措施见表 4—5。

表 4—5　　　　　　计算机病毒的预防措施

计算机要连接网络，杀毒软件必须经常更新，以快速检测到可能入侵计算机的新病毒或者变种
除了安装杀毒软件外，还得使用安全监视软件（比如金山卫士、360 安全卫士等），防止木马，防止浏览器被恶意篡改、植入恶意插件等
使用防火墙或者杀毒软件自带防火墙
关闭移动储存以及光盘的自动运行
定时进行全盘病毒与木马的扫描
上网时注意网址的正确性，避免进入假冒网站
不随意接受、打开陌生人发来的电子邮件或通过 QQ 传递的文件或网址
使用正版软件
使用移动存储器前，最好先查杀病毒，然后再使用

2. 木马

木马是指通过一段特定的程序（木马程序）来控制另一台计算机。木马通常有两个可执行程序：一个是控制端，另一个是服务端（即被控制端）。被植入木马的计算机是服务端，木马制作者利用控制端进入被植入木马程序的计算机。与一般的病毒不同，木马不会自我繁殖，它通过将自身伪装，吸引用户下载执行，向施种木马者提供打开被种者计算机的门户，使施种者可以任意毁坏、窃取被种者的文件，甚至远程操控被种者的计算机，木马的危害见表4—6。

表4—6　　　　　　　　木马的危害

盗取网游账号，威胁虚拟财产的安全
盗取网银信息，威胁真实财产的安全
在即时通信软件中盗取身份，偷窥个人隐私，发布虚假消息
使计算机沦为"肉鸡"，为黑客留开后门，成为他人手中的工具

木马虽然危害大，但只要防范得当，可以将其拒之门外。防范木马应注意以下几点：

（1）使用病毒防火墙或木马监控程序并及时升级。

（2）不要轻易打开来历不明的电子邮件附件。

（3）及时升级浏览器软件、电子邮件软件。

（4）到大型的网站上下载软件。

（5）下载文件后先进行杀毒；显示所有文件的扩展名。

二、常用杀毒和防火墙软件

国内常用的免费杀毒和木马防治软件主要有金山毒霸和金山卫士组合以及360杀毒和360安全卫士组合，下面以金山毒霸和金山卫士为例，说明病毒和木马防治软件的安装及基本操作。

金山毒霸和金山卫士都是免费软件，上金山官网下载金山安全套装（金山毒霸＋金山卫士），运行下载的安装程序（kavsetup130206_99_51.exe，约30.6 MB)，单击"立即安装"，如图4—19所示，安装完成后会提示重启系统。

图4—19 金山安全套装

金山卫士是一款查杀木马能力强、检测漏洞快、体积小巧的免费安全软件。金山卫士采用双引擎技术，云引擎能查杀上亿已知木马，独有的本地V10引擎可全面清除感染型木马；漏洞检测针对Windows 7进行了优化，速度比同类软件快；更有实时保护、软件管理、插件清理、修复IE、启动项管理等功能，全面保护系统安全。

运行"金山毒霸和金山卫士"，界面如图4—20所示。

在首页中先单击"立即体检"对计算机进行体检，体检结果如图4—21所示。

还可以，打开"系统优化"选项，进行优化加速，如图4—22所示。

还可以，打开"垃圾清理"选项，进行垃圾清理，如图4—23所示。

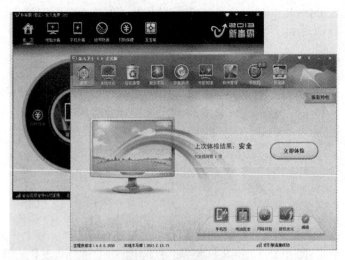

图4—20 运行金山毒霸和金山卫士

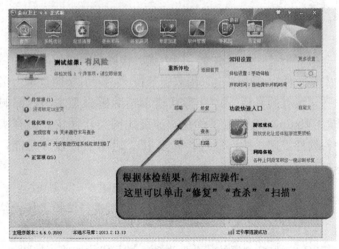

图4—21 金山卫士体检操作

在金山卫士中，还可以打开"查杀木马"选项，进行木马查杀、插件清理和系统修复，如图4—24所示。

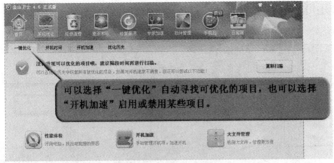

图 4—22　使用金山卫士进行一键优化

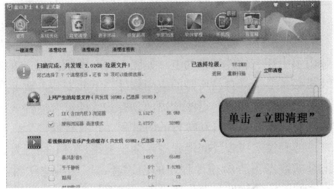

图 4—23　使用金山卫士进行垃圾清理

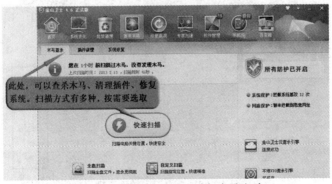

图 4—24　使用金山卫士进行木马查杀

还可以打开"修复漏洞"选项，进行漏洞修复，如图 4—25 所示。

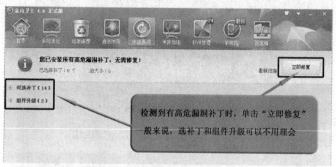

图 4—25　金山卫士漏洞修复

金山卫士还有软件管理功能，如图 4—26 所示。用户可以单击"装机必备"选择自己所需的应用软件，下载安装，或者升级已经安装的软件，安装时需注意提示，有些软件带有插件（插件是指会随着程序的启动自动执行的附带程序，有些插件为恶意程序，常见的有植入广告或间谍程序，会监视用户的上网行为，并把所记录的数据报告给插件程序的创建者，以达到非法目的），如果有官网的免费软件，建议还是上官网下载安装。

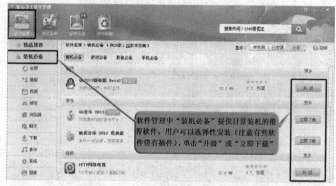

图 4—26　金山卫士软件管理

还可以使用软件管理中"软件卸载"功能，管理软件，以便删除不再使用的软件，如图4—27所示。

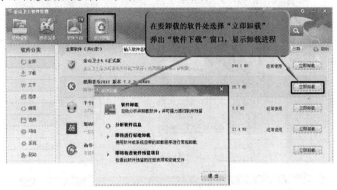

图4—27　金山卫士软件卸载

金山毒霸是金山公司的一款免费产品，采用全新杀毒体系，秒杀全新病毒，占用内存小，轻巧快速，远离普通杀毒软件带来的卡机死机烦恼，是一款高智能的反病毒软件。

打开金山毒霸，在首页可以看到金山毒霸的四维保护（系统保护、网购保护、上网保护、防黑客保护），如图4—28所示。点击相应的图标就可以看到详细的保护设置，用户可以设置"开"或"关"，单击"一键云查杀"可以扫描查杀病毒、木马或其他威胁，"一键云查杀"方式花费时间少。用户可以定期或者觉得有必要时，打开"电脑杀毒"选项卡，单击其中的"全盘查杀"按钮，进行全盘扫描，虽然花费时间多，但可以更彻底、干净地扫描、清除威胁。

"电脑杀毒"选项卡中还提供"指定位置查杀""强力查杀""U盘查杀""防黑查杀"等功能。"强力查杀"是一种清除顽固恶性病毒的查杀模式，如图4—29所示。

"防黑查杀"能快速检测并修补容易被黑客利用的系统漏洞，如图4—30所示。

图 4—28　金山毒霸电脑杀毒

图 4—29　金山毒霸强力查杀

图 4—30　金山毒霸防黑查杀

在金山毒霸首页右下角位置，提供"浏览器保护""漏洞修复""清理垃圾""数据恢复"等功能。

单击"浏览器保护"，在弹出的对话框中选择指定浏览器为默认浏览器（可以等相应的浏览器安装后设置，系统默认的浏览器为IE）、设定主页，设置完毕，单击"一键锁定"，如图4—31所示。

图4—31　金山毒霸设置浏览器保护1

以后如果需要更改，可以单击"浏览器保护"，在弹出的对话框中单击"一键解锁"，然后再进行相应的设定，如图4—32所示。

图4—32　金山毒霸设置浏览器保护2

可以定期打开金山毒霸中"电脑杀毒"选项，选择"一键云查杀"或者"全盘查杀"对计算机进行病毒查杀。

第五单元 硬件故障诊断与排除

计算机出现故障的原因很多，但对故障的诊断与排除并非束手无策，绝大多数的故障属于普遍出现的常规故障，处理起来还是有章可循的，只有极少数故障是少见的、特殊的。本单元就计算机故障产生的原因、类型，排除故障的普遍方法，再结合各种硬件故障的实例加以描述，只要细心观察，认真总结，就可以消除大家对计算机故障的神秘感，从而掌握计算机故障的产生原因和处理办法。

第一模块 计算机故障产生的原因及类型

产生故障的原因是多种多样的，为了能更好地判定故障的位置，有必要了解 Windows 的启动过程。

一、Windows 的启动过程

1. 启动自检阶段

加电自检（POST），先检测是否有内存（如果检测不到则扬声器示警）；然后读取显卡的 BIOS 并对显卡进行初始化（屏幕会显示显卡的信息）；接着依序逐个读取其他设备的 BIOS 并对设备进行初始化，直至结束；显示 BIOS 自身的信息；检测 CPU；检测内存；检测硬盘、光驱、串口、并口等标准设备；检测和显示即插即用设备并设置资源。

屏幕显示：自检的打印信息。

2. 初始化启动阶段

根据 BIOS 指定的启动顺序，找到可以启动的优先启动设备（如本地磁盘、CD Driver、USB 设备等），然后准备从这些设备启动系统。

屏幕显示：黑屏。

3. Boot 加载阶段

Boot 加载阶段首先从启动分区（比如 C 盘）加载 Ntldr，然后设置：内置内存模式（如果操作系统是 32 位，则设置为 32 位内存模式，如果是 64 位操作系统和 64 位处理器，则设置为 64 位内存模式）；启动文件系统；读取 boot.ini 文件。

屏幕显示：黑屏，如果按"F8"键或者多系统时会显示启动选项菜单。

4. 检测和配置硬件阶段

检查和配置一些硬件设备（如系统固件、总线和适配器、显示适配器、键盘、通信端口、磁盘、鼠标、并口等）。

屏幕显示：黑屏。

5. 内核加载阶段

内核加载阶段将首先加载 Windows 内核和硬件抽象层；接下来从注册表读取计算机安装的驱动程序并依次加载驱动程序；完成后创建系统环境变量；启动 win32.sys（内核模式部分）；启动 csrss.exe（用户模式部分）；启动 winlogon.exe；创建虚拟内存页面文件；对一些必要的文件进行改名；

屏幕显示：显示 Windows logo 界面和进度条。

6. 登录阶段

启动所有需要自动启动的 Windows 服务；启动本地安全认证 Lsass.exe；显示登录界面。

屏幕显示：显示登录界面。

二、故障产生的原因

计算机是由许多个组件构成，因此引起计算机系统故障的原因也是多种多样的，环境因素、计算机本身的因素、人为因素都有可能造成计算机故障，有些故障是突发的，而有些故障属于日积月累而成的。

1. 环境因素

环境因素指温度、湿度、电源、灰尘等。

（1）温度和湿度。计算机由许多分立的电子元件和集成块组成，这些电子器件对环境有一定的要求，一般来说，计算机要求工作在常温、湿度适中的工作环境，因此，在夏天，特别是在南方，一定要注意散热，降低计算机的工作环境温度，另外还要避免阳光直接照射计算机和显示器，防止温度过高导致器件老化。湿度对计算机的影响是致命的，湿度太高会在计算机内部的元器件之间形成薄薄的水膜，这些水膜会造成计算机的电路短路，烧毁计算机的部件，而湿度太低，太干燥则容易产生静电，损坏器件。

（2）电源。提供给计算机的电源要稳定，也就是电压220（1±10%）V，频率50（1±5%）Hz，电压不能过高或过低，还有主机内安装的电源必须有足够用的功率，应避免使用劣质产品。

（3）灰尘。灰尘是计算机的主要杀手，附着在元器件上的灰尘会妨碍元器件散热，从而影响器件的使用寿命。主板上的诸多散热器及其风扇是灰尘特别容易堆积的地方，会引起CPU、显卡不能正常运作，长期堆积的灰尘还会引起计算机内部器件的短路，此外，机箱内安装的电源也是灰尘堆积的重灾区，用户应该定期对计算机进行除尘。除尘时应注意不要对机箱内元器件造成损害，如果有条件，可以使用微型的吸尘器以及毛刷。

2. 计算机本身因素

计算机本身因素指硬件因素、软件因素、硬件与软件或者硬件与硬件之间不匹配等。

（1）硬件因素。硬件因素导致的故障是计算机常见故障，主要表现为器件老化、接触不良、机械故障等。

器件老化是因为元件在高温环境中长期工作导致部件的寿命到期,比如显像管老化造成的图像模糊不清等。

接触不良是最为常见的计算机故障,因为计算机是由多块板卡和功能相对独立的设备组成的,而这些设备的接口或插槽一旦接触不良,就会造成计算机的故障。另外,计算机部件上的元件的焊接不牢、虚焊,经过长期使用,元件的焊接问题暴露,也会造成故障。

当然,硬件故障也包括诸如硬盘、光盘等设备可能出现的机械故障。

(2) 软件因素。软件因素引起的故障主要表现为操作系统故障和应用软件故障。操作系统故障原因较多,一般分为运行类故障和注册表故障;应用软件故障一般是由于软件本身的参数设置或者安装不当引起的。

(3) 兼容性因素。兼容性因素指硬件与软件或者硬件与硬件之间不匹配等因素引起的计算机故障。

所谓兼容性,是指几个硬件之间、几个软件之间或是几个软硬件之间的相互配合的程度。相对于硬件来说,几种不同的计算机部件,如 CPU、主板、显示卡等,如果在工作时能够相互配合、稳定地工作,就说它们之间的兼容性比较好;反之就是兼容性不好。日常应用中常见的兼容性故障有主板和内存不兼容、显卡和主板不兼容、声卡和主板不兼容、硬盘和主板不兼容、操作系统和应用软件不兼容等。

3. 人为使用因素

人为使用因素一般是指因为使用不当造成的故障、超频引起系统运行不稳定以及病毒造成的故障等。

常见的有:

(1) 电源接错。电源接错大多会造成破坏性的故障,并伴有火花、冒烟、焦臭和发烫等现象。

(2) 带电拔插。带电拔插包括在通电的情况下拔插各种板卡或集成块而造成的损坏等。硬盘运行时突然关闭电源或搬动机箱,导致硬盘磁头未能推至安全区而造成的损坏。

(3) 接线错误。接线错误包括直流电源插头或 I/O 通道接口插反或位置插错,信号线接错或接反。

(4) 感染病毒。现在计算机病毒的传播途径越来越多,Internet 成了计算机病毒的主要传播途径,如果计算机染上了病毒,需要用正版杀毒软件杀毒。

三、常见的计算机故障类型

计算机故障分成两大类,即硬件故障和软件故障,其中硬件故障可划分为主板故障、插卡故障。

1. 硬件故障

硬件故障从实质上说分为真故障和假故障。

(1) 真故障。真故障是指因主板、各种板卡、外设等出现电气、机械等物理性损坏,从而导致的功能丧失等故障现象。一部分是由于电气元件老化、损坏或者机械部分故障而引起的,另一部分是因为人为操作失误或者因环境因素而导致的物理损坏。

(2) 假故障。假故障是指系统内部各部件及外设完好,但由于安装因素、设置因素或环境因素(如电压不稳、散热不良等)而导致的故障类型。常见的假故障类型见表 5—1。

表 5—1　　　　　　　常见的假故障类型

假故障类型	故障现象
电源插座、开关问题	如显示器电源开关未打开、音箱电源开关未打开等。碰到独立供电的外设故障时,首先应检查设备电源插头或插座是否接触良好、电源开关是否打开
连线问题	数据线脱落、接触不良会导致该外围设备工作异常,应先检查各设备间的线缆连接是否正确。如显示器数据接头松动会导致接头插不到位,从而导致检测不到信号等

续表

假故障类型	故障现象
外设的设置问题	如音箱音量的大小、显示器的亮度、对比度设置等,会导致计算机系统出现假故障
用户未知的特性	不要把硬件或系统的新特性误以为是"故障"。如电源节能方案、一些软件的新功能等
人为疏忽	日常操作中因自身疏忽而导致的错误,如将光盘正反面颠倒等

2. 软件故障

软件故障的种类很多,也很常见,主要有以下几种类型:

(1) 由于软件本身的漏洞造成的故障。

(2) 因误操作导致的系统软件或应用软件的损坏而引起的故障。

(3) 因系统参数设置不当或者软件配置不当引起的故障。

(4) 硬件的驱动程序安装不正确引起的故障。

(5) 计算机病毒导致的故障。

计算机系统因故障而"死机"的原因,绝大多数是由于软件故障造成的。除计算机病毒造成的计算机系统故障外,系统配置不当、计算机系统软件和应用软件损坏等因素也会造成计算机的"死机"。

四、故障排除的一般原则

对计算机硬件组成有了一定的了解,接下来对硬件出现的各种故障应该如何检修呢?先不要急于动手,要利用各种知识和经验对故障进行查找和定位,以免造成不必要的损失。以下介绍几条在硬件故障检修过程中应遵循的原则。

1. 先软件,后硬件

先软件,后硬件是指先从软件、操作系统上来分析故障原因,确实解决不了后再从硬件上分析故障的原因。发现计算机故障后，第一时间要判断是否是软件的原因（如系统注册表损坏、BIOS 参数设置不当、硬盘主引导扇区损坏等），软件问题排除后如果仍存在故障再考虑硬件原因。

2. 先外设，后主机

先外设，后主机是指先检查各设备情况，如机械是否损坏、插头接触是否良好、各开关按钮位置是否合适等，然后再检查部件的内部情况。由于外设原因引发的故障往往比较容易发现和解决，所以可先根据系统错误信息报告检查键盘、鼠标、显示器、打印机等外部设备的各种连线和本身工作状况。在排除外设方面的原因后，再考虑主机内部件。

3. 先电源，后部件

先电源，后部件是指先检查电源后检查计算机。计算机系统的工作能源是电源，一般电源功率不足、输出电流不正常容易导致一些故障的产生。电压过高或过低都会给计算机带来损坏，一旦电源发生故障，计算机便不能正常工作。电源故障是常见的故障之一，唯有排除电源故障，才能有效分析和检查微机的其他部件。因此，要先检查电源是否正常，如果电源没有问题，再检查计算机系统的各部件及外设。

4. 先简单，后复杂

随着技术的不断成熟，目前的计算机硬件产品并不是那么脆弱、那么容易损坏。因此在遇到硬件故障时，应该从最简单的原因开始查起。很多时候故障就是内存或者显卡接触不良（很常见的故障）、数据线松动、灰尘过多等引起的。经过简单的测试和处理后再考虑解决复杂的硬件故障。

五、故障检测方法

故障检测的方法有直接观察法、报警判断法、拔插法、清洁法、最小系统法等。

有些故障比较明显，使用直接观察法和报警判断法就能找出问题所在，但很多故障并不明显，这时就需动手进行详细检测。

1. 直接观察法

直接观察法即"看、闻、听、摸"。

(1)"看"即打开机箱侧板,观察主板上板卡的插头插座连接是否牢靠、电容等元件引脚是否相碰、元件表面及板卡上是否有烧焦痕迹、芯片表面是否开裂、主板上印刷电路的铜箔(走线)是否断裂、元器件之间是否有异物存在等。

(2)"闻"即嗅闻主机、板卡中是否有烧焦的气味,便于发现故障和确定短路所处位置。

(3)"听"即监听机箱内风扇、硬盘等设备的工作声音是否正常,是否有报警声音出现。系统出现故障时有时会有异样声响,通过监听可以及时发现一些故障隐患,在检测故障时能及时发现故障的位置。

(4)"摸"即用手触摸芯片,关机时看芯片是否松动或接触不良;在系统运行时用手触摸或靠近CPU、硬盘等设备的外壳,根据其温度可以判断设备运行是否正常。如果芯片的表面温度很高甚至发烫,则说明该芯片可能已经损坏。

2. 报警判断法

(1) Award BIOS。Award BIOS只有内存和显卡出问题时,才会有报警声,所以如果听到报警声,首先应该检查内存或显卡是否接触不良(拆下内存和显卡,用软布或橡皮擦擦拭板卡的金手指部分),大部分情况下,重插内存的显卡都能解决问题。Award BIOS报警声所反映的故障及操作建议见表5—2。

表5—2 Award BIOS报警声所反映的故障及操作建议

报警声	反映的故障	操作建议
1短	系统正常启动	无
2短	常规错误	进入CMOS设置中修改,或直接装载缺省设置

续表

报警声	反映的故障	操作建议
1长1短	内存或主板出错	重新插拔内存式主板，故障仍未排除时更换内存或者主板
1长2短	键盘控制器错误	使用替换法检查
1长3短	显卡或显示器错误	检查主板
1长9短	主板BIOS损坏	尝试更换 Flash RAM
不断地长声响	内存问题	重新插拔内存，故障仍未排除时更换内存
不断地短声响	电源、显示器或显卡未连接	重新插拔所有插头
重复短声响无声音无显示	电源故障	更换电源

（2）AMI BIOS。AMI BIOS 的报警声要比 Award BIOS 多。除了内存和显卡故障之外，CPU、键盘、BIOS 出现问题时，AMI BIOS 也会有报警声，不过最常出现的是内存和显卡有问题时发出报警声。如果是 5 短报警声，则很可能是 CPU 烧了。AMI BIOS 报警声所反映的故障及操作建议见表 5—3。

表 5—3　AMI BIOS 报警声所反映的故障及操作建议

报警声	反映的故障	操作建议
1短	内存刷新失败	更换一条质量好的内存条
2短	内存 ECC 校验错误	关闭 CMOS 中 ECC 校验的选项
3短	基本内存（第一个 64 KB）失败	更换一条质量好的内存条
4短	系统时钟出错	维修或者直接更换主板

续表

报警声	反映的故障	操作建议
5短	CPU错误	检查CPU，可用替换法检查
6短	键盘控制器错误	插拔键盘，更换键盘或者检查主板
7短	系统实模式错误	维修或者直接更换主板
8短	显存错误	更换显卡
9短	ROM BIOS检验错误	更换BIOS芯片
1长3短	内存错误	更换内存
1长8短	显卡测试错误	检查显示器数据线或者显卡是否插牢

3. 最小系统法

最小系统法即先判断在最基本的软、硬件环境中，系统是否可以正常工作，如果不能正常工作，即可判断最基本的软、硬件有故障，从而缩小查找故障配件的范围。最小系统有硬件最小系统和软件最小系统两种形式。

（1）硬件最小系统。硬件最小系统是指从维修判断的角度连接能使计算机开机的最基本的硬件环境，即由电源、主板、CPU、内存及显卡和显示器组成最小硬件系统。连接主板电源及机箱上的扬声器线（Speaker线），开启电源，可以通过主板报警声音和开机自检信息来判断这几个核心配件部分是否可以正常工作，如果不正常，就可以判断出故障就出在这几个部分上面；如果正常，再依次加装硬盘、扩展卡等，对于拔下的板卡和设备的连接插头还要进行清洁处理，以排除接触不良引起的故障。

（2）软件最小系统。软件最小系统由最小硬件系统连接上硬盘以及键盘鼠标等构成。这个最小系统主要用来判断系统是否可以完成正常的启动与运行。

4. 清洁法

灰尘以及板卡连接头接触不良（氧化）很容易引发系统故障，灰尘会影响计算机内部元件的散热，特殊的使用环境也容易使元件接头处被氧化而导致接触不良，这时应用小毛刷或小型吸尘器轻轻将主板、外设上的灰尘清除。如果灰尘清除后，故障仍然存在，则有可能是其他原因使主板上一些板卡或连接头接触不良或氧化，这时可以将板卡或连接头拔出，用橡皮擦擦去表面氧化层，重新接好后开机检查故障是否排除。

5. 拔插法

若无法确定故障出现在什么地方时，可以使用拔插法来判断，这是确定故障是否在主板或 I/O 设备的便捷方法。具体方法就是关机后将主板上的板卡逐个拔出，并且每拔出一块板就开机测试计算机的运行状态，一旦拔出某块板卡拔出后运行正常，那么故障原因就是该板卡或者相应的 I/O 插槽及负载电路出现了故障。若拔出所有板卡后系统仍不正常，则故障可能就在主板上。对于怀疑出现问题的板卡，可尝试擦拭后重新正确插入，看看故障是否由接触不良引起。

6. 交换法

交换法指在条件许可的情况下，用好的部件去替换可能出问题的部件，如果故障现象消失，则被替换的部件就是故障的根源了。当然，也可以将出现故障的计算机部件更换到另一台能正常运行的计算机上。使用交换法可以快速判定是否是该部件本身的问题。在机房那种特殊环境下，交换法在实践中用得最多，由于可供替换的部件众多，只需在正常工作的计算机上拆下一个部件替换故障机上对应的部件，就可以迅速判断出故障的根源了。使用交换法要求维修者能凭经验预先判断可能出故障的部件，否则会消耗大量的时间。交换法多用于内存、显卡等易拔插部件的故障检测。

7. 比较法

运行两台或以上相同或相似的微型计算机，对正常计算机与故障计算机进行外观、配置、运行等方面的比较，来判断正常计算机与故障计算机在环境设置及硬件配置的不同，从而确定故障部位。

8. 升温降温法

升温降温法采用的是故障促发原理，人为制造故障出现的条件来促使故障频繁出现以观察和判断故障所在的位置。

9. 复原法

由于超频或者 BIOS 设置不正确导致的死机、重启之类的故障，可以通过恢复主板的默认设置来排除。

10. 软件测试法

如果计算机还能够进行正常的启动，可以采用一些专门为检查诊断计算机而编制的程序来帮助查找故障的原因，即用高级测试诊断软件对计算机进行测试、诊断，来帮助查找故障原因。

第二模块　计算机主机故障排除

计算机主机系统出现故障的原因是多种多样的，既有硬件故障又有软件故障。主机系统的任何硬件故障都可能导致主机系统工作的失常、死机甚至不能正常启动。下面首先介绍计算机常见故障分析流程。

一、故障分析流程

微型计算机故障基本上分为加电类故障（多为基础硬件本身）、启动类故障（多为软件故障）以及外设类故障等。计算机故障分析流程如图 5—1 所示。

二、主板故障排除

主板是计算机最基本的也是最重要的部件之一，上面安装了

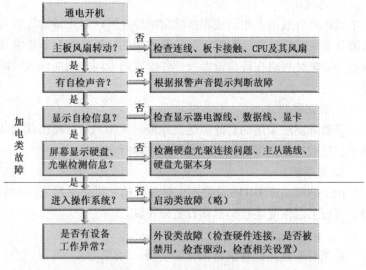

图 5—1 计算机故障分析流程

组成计算机的主要电路系统，由 BIOS 芯片、I/O 控制芯片、控制开关接口、指示灯插接件、直流电源供电接插件等元件构成。主板采用了开放式结构，提供扩充插槽，供外围设备的适配器插接，是整个机箱内面积最大的部件，所以出现故障的概率较高。

常见主板故障大致有以下几种：一是 BIOS 无法自动保存；二是无法通过自检、计算机无法正常启动；三是主板上的接口损坏，导致在检测硬盘等设备时出现错误等。此外散热不良等因素很有可能导致南北桥芯片烧毁，造成主板报废。

1. 主板故障产生的原因

主板产生故障的原因一般可划分为以下三个方面：

（1）元器件质量引起的故障。元器件质量引起的故障主要是指主板的某个元器件因本身质量问题而损坏，从而导致主板的部分功能无法正常使用，例如电容爆浆等。对此类故障一般采取更换元件或送修等方式解决。

(2) 外部环境引起的故障。外部环境引起的故障是指在人们未知的情况下由外部环境引起的故障,如因为电压、温度、湿度和灰尘等引起的故障。这类故障造成计算机出现时而正常时而不正常的现象,从而造成计算机的性能不稳定。

(3) 人为故障。人为故障是指人们操作时不小心对计算机的某些部件造成损伤,比如带电插拔板卡,安装设备及板卡时用力过度,造成设备接口或者板卡插槽等损伤,从而引发故障。

2. 主板常见故障排除

当确定故障在主板后,便可以进一步对主板故障进行排查与处理,一般情况下,通过直接观察法、清洁法、复原法、软件测试法等方法对主板故障进行排查与处理。

【故障一】主板不启动,开机无显示,无报警声

故障现象:原因有很多,涉及 CPU 方面、主板扩展槽或扩展卡等。

分析与处理:针对以下问题,逐一排除。

(1) CPU 方面的问题。CPU 没有供电:用万用表测试,需电子专业知识。

CPU 插座有缺针或松动:这类故障表现为点不亮或不定期死机。取出 CPU,仔细观察是否有变形的插针。

CPU 散热器固定松动或接触不良:卸下重装,清洁散热器和 CPU 接触面,重新涂抹导电硅胶,固定 CPU 散热器及风扇。

CPU 散热风扇不转:检查散热风扇以及电源接口。

CMOS 里设置的 CPU 频率不对:只要清除 CMOS 即可解决。清除 CMOS 的跳线一般在主板的锂电池附近,其默认位置一般为 1、2 针短接,只要将其改跳为 2、3 针短接,短接几秒钟即可;如找不到该跳线,只要将电池取下,待开机显示进入 CMOS 设置后再关机,将电池安装上去。也可以通过让 CMOS 放电的方法解决此类问题。

(2) 主板扩展槽或扩展卡的问题。因为主板扩展槽或扩展卡

有问题，导致插上显卡、声卡等扩展卡后，主板没有响应，因此造成开机无显示。例如 PCI-E 插槽开裂，即可造成此类故障。

（3）内存方面的问题。主板无法识别内存、内存损坏或者内存不匹配：有的主板一旦插上无法识别的内存，就无法启动。另外，如果插上不同品牌、不同类型的内存，有时也会导致此类故障。

内存插槽簧片变形：有时因为用力过猛或安装方法不当，会造成内存槽内的簧片变形断裂，导致该内存插槽报废。

（4）主板 BIOS 被破坏。主板的 BIOS 中储存着重要的硬件数据，同时 BIOS 也是主板中比较脆弱的部分，极易受到破坏，一旦受损就会导致系统无法运行。

出现此类故障一般是因为主板 BIOS 被病毒破坏。一般 BIOS 被病毒破坏后，硬盘里的数据将全部丢失。可以检测硬盘数据是否完好，以便判断 BIOS 是否被破坏，如果 BIOS 的 BOOT 被破坏，加电后，电源和硬盘灯亮，CPU 风扇转，但是不启动，此时只能通过编程器来重写 BIOS。

（5）CMOS 使用的电池有问题。通电后，硬盘和电源灯亮，CPU 风扇转动，但是主机不启动。当把 CMOS 电池取下后，就能够正常启动。

（6）主板自动保护锁定。有的主板具有侦测保护功能，当电源电压有异常或者 CPU 超频、调整电压过高等情况出现时，会自动锁定停止工作。表现就是主板不启动，这时可把 CMOS 放电后再加电启动，有的主板需要在打开主板电源时，按住"RESET"键即可解除锁定。

（7）主板上的电容损坏。检查主板上的电容是否冒泡或炸裂。当电容因电压过高或长时受高温烘烤，会冒泡或开裂，这时电容便会失去滤波的功能，造成 CPU、内存、相关板卡工作不稳定，表现为容易死机或系统不稳定，经常出现蓝屏。

【故障二】主板温控失常，导致开机无显示

故障现象：显示器突然蓝屏，重启后，硬盘、光驱等自检完后显示器不亮。

分析与处理：接在主板上的温控线脱落，导致主板自动进入保护状态，拒绝加电。一般 CPU 温度过高或主板上的温度监控系统出现故障时，主板就会自动进入保护状态，拒绝加电启动，或报警提示。当主板无法正常启动或报警时，应该先检查主板的温度监控装置是否正常。重新连接温度监控线，再开机即可。

【故障三】主板电池电量不足导致开机故障

故障现象：CMOS 电池电量不足导致开机偶尔能启动、偶尔不能启动；开机无显示，系统频繁自动重启等。

分析与处理：CMOS 放电使其初始化（跳线帽连接 2、3 针）可以启动；跳线恢复正常连接（1、2 针短接），又出现故障现象。将电池取出，在跳线正常连接情况下开机，计算机也能正常启动；再将电池安上，计算机又故障如初。因此可以确定是电池的原因，把跳线正常连接（1、2 针短接），更换新的电池，重新启动计算机，可将故障彻底排除。

【故障四】清除 CMOS 后无法启动

故障现象：在 BIOS 里修改了硬盘的参数设置，保存后重新启动，在系统自检时，扬声器发出报警声，启动失败。关闭计算机，将主板上面的跳线短接后清除 CMOS，再将跳线设置为默认状态后开机，电源指示灯不亮，CPU 风扇不转，计算机无法启动。

分析与处理：可能是在关闭计算机及插座的开关以后，计算机电源插头因插座质量的问题，仍处于带电状态，导致清除 CMOS 不成功。拔掉计算机电源，再次清除 COMS，清除后重新插上电源，通电开机，即可清除故障。

【故障五】自动关机后无法再开机

故障现象：一台计算机在使用中突然关机，按主机电源后无法开机，屏幕总是显示黑色，但电源对主板供电正常。

分析与处理：排除内存、显示器等因素后，可能是 BIOS 出现故障，将 CMOS 中的电放掉后，再重新开机，一切正常。造成这种情况可能是由于电压不稳造成主板 BIOS 中数据出现错误，重新恢复 BIOS 的数据即可排除故障。

【故障六】温度过高引起计算机运行速度变慢

故障现象：一台计算机在使用几小时后，速度就会自动慢下来。

分析与处理：首先考虑计算机可能有病毒，用最新版的杀毒软件检测，如果没有发现病毒，则可能是操作系统的问题。恢复备份的系统，可使用一段时间后计算机运行速度还是变慢，打开机箱，发现机箱内温度较高，导致 BIOS 监控程序将 CPU 频率降低运行，引起计算机运行速度变慢。进入 BIOS 中检查时，发现 CPU 的警戒温度设置得过低。将 CPU 警戒温度调高一点后故障消失。

【故障七】CMOS 设置不能保存

故障现象：CMOS 设置不能保存，每次重启后需重新设置。

分析与处理：此类故障一般是主板电池电压不足造成，更换主板电池即可。但有的情况下主板电池更换后依旧不能解决问题，此时有两种可能：一是主板电路问题；二是主板 CMOS 跳线问题，有时错误地将主板上的 CMOS 跳线设为清除选项，使得 CMOS 数据无法保存。

三、CPU 故障排除

CPU 是一台计算机中最重要的配件之一，其可靠性非常强，正确使用计算机的情况下出现 CPU 处理器损坏烧毁的概率并不是很高，但在安装过程和超频使用的情况下，极易引起 CPU 损坏烧毁。

一般情况下，CPU 处理器损坏后的故障非常容易判断。当 CPU 处理器损坏后，最直接的故障就是按下机箱电源按钮以后计算机无任何反应，机箱扬声器无鸣叫声，显示器没有信号。如果出现以上的现象,基本可以断定是处理器出现了问题。

1. CPU 常见的故障类型

(1) 检查 CPU 处理器是否安装到位。目前的处理器插槽设计都非常标准,主板使用什么样的芯片则决定安装什么型号的处理器,高中低端划分明确。

CPU 目前还是以针式结构为主,采用防呆设计,方向不正确是无法将 CPU 正确装入插槽中的,因此检查的重点应放在是否安装到位上,主板上的 CPU 处理器插槽都有定位措施,如果处理器安装不到位则无法将主板上的 CPU 处理器的压杆压下,因此在安装时一定要细心,千万不要用蛮力,遇阻时应及时检查安装就位情况,否则便会将 CPU 的针脚弄折,造成处理器损坏。

(2) 检查 CPU 风扇的运行是否正常。CPU 由于集成度非常高,发热量也非常大,因此风扇对于 CPU 的稳定运行便起到了至关重要的作用。虽然目前 CPU 处理器都加入了过热保护功能,超过一定的温度以后便会自行关机,但过高的温度会缩短 CPU 的使用寿命,由于风扇安装不到位或与处理器接合不紧密,会降低散热效率,造成频繁死机影响正常使用。因此要经常对 CPU 风扇进行检查和保养。

(3) 检查是否因为超频而引起故障。超频虽然提升了 CPU 的性能,但对计算机的稳定性和处理器的使用寿命是非常有害的。超频后的 CPU 对散热的要求将更高,极容易造成 CPU 处理器的损伤,建议在非必要的情况下,不要对处理器进行超频。

因为超频而出现故障时,可以进入主板的 BIOS 中将 CPU 的电压、外频等参数恢复到默认设置。

(4) 处理器烧毁、压坏的检查方法。打开机箱,卸掉 CPU 风扇,拿出 CPU 后用肉眼观察处理器是否有被烧毁、压坏的痕迹。在安装风扇时一定注意,力度要适中,方法要正确,防止用蛮力将 CPU 处理器压坏。在安装 CPU 时要保持针脚与插槽的平行，要检查处理器的针脚是否有弯曲的现象，用力适中，否则容易损坏针脚。

2. CPU 常见故障排除

【故障一】CPU 温度高引起热启动

故障现象：计算机经常在开机运行一段时间后自动重启，关机一段时间后重新开机，但数分钟后又出现上述现象。

分析与处理：虽然 CPU 的散热风扇转动，但 CPU 还是很热。可能是由于 CPU 散热效率不高、CPU 散热不及时出现此故障。更换一个大功率散热风扇，故障消失。

【故障二】导热硅胶过涂抹过多引起的 CPU 接触不良

故障现象：计算机时而正常时而不能启动，有时使用中无缘无故死机。

分析与处理：在进一步检查配件时，发现 CPU 与风扇之间有许多黏糊的东西，拆下 CPU 后发现这种导热硅胶的熔化物已经渗到 CPU 与 CPU 插座之间。由于导热硅胶涂抹过多，在长时间高温下融化，渗到 CPU 与 CPU 插座之间，造成接触不良。将渗出的硅胶擦除，重新安装 CPU，故障排除。

【故障三】CPU 的占用率高

故障现象：AMD 计算机上安装了专用的降温软件，但运行 Windows XP 时速度非常慢，连鼠标指针移动时也是一顿一顿的，CPU 的占用率始终在 90%～100%，降温软件显示 CPU 的温度在 43℃左右。

分析与处理：由于 CPU 散热风扇使用时间较长，转速比以前慢，在夏天，CPU 的实际温度已经达到了降温软件对 CPU 所设置的温度，所以降温软件一方面暂停系统中目前运行的任务线程，另一方面不断地向 CPU 发送"空指令"，这样 CPU 被大量的空指令占用，所以造成 CPU 占用率高达 90%的"假象"。针对这种故障，可先将 CPU 风扇取下，加上一些优质的润滑油，恢复散热风扇原来的转速，还可以采取其他措施降低机箱内的温度，并将降温软件中的"启用节流"功能关闭，然后再启动计算机，故障排除。

四、内存故障排除

由于内存条的质量参差不齐，所以其发生故障的概率比较大。当计算机出现无法正常启动、无法进入操作系统、无法运行应用软件、无故经常死机等故障时，很多都是内存条出现问题而引发的。

1. 内存常见的故障类型

（1）接触不良。因为内存条的金手指镀金工艺不佳或者因为使用过程中氧化生锈，造成与内存插槽接触不良。因此在插内存条时应避免用手直接接触内存条的金手指，这样可以防止静电损伤内存条，也能防止汗液附着在金手指上。出现接触不良时取下内存条，用橡皮擦把金手指上面的氧化物擦去即可。

（2）金手指烧毁。一般情况下，多数都是因为在开机测试中无意带电拔插内存条或内存条没有完全插入插槽，造成内存条的金手指因为局部大电流放电而烧毁，甚至造成内存条的供电调整管也同时过热击穿短路，出现开机报警黑屏故障。

（3）滤波电容损坏。内存供电回路中的滤波电容处在内存条附近，长期的高温环境造成漏液失容等的情况，造成内存的供电电源质量下降，就出现开机报警、主机不启动等故障。出现此类故障时使用同体积同容量（或更大）的电容进行更换即可。

（4）内存条上贴片电容颗粒脱落。在安装、维修过程中因为人为的因素致使内存条上面微小的贴片电容颗粒脱落，造成开机后内存报警，无法正常启动计算机。

（5）内存条不兼容。一种情况是内存和主板不兼容，可以尝试升级主板 BIOS，或者更换内存条；另一种情况是两条内存不兼容，尝试在主板 BIOS 中手动调整参数，或将两根内存条互换一下内存插槽，把较慢的一条内存条放在 DIMM 0 内存插槽上，这样主板 BIOS 中默认的参数都依照这条慢的内存条为标准。

2. 内存常见故障排除

【故障一】 内存条与主板插槽接触不良出现故障。

故障现象：打开计算机电源后机箱报警，或是打开电源后无法正常进入操作系统，屏幕出现"error：unable to control A20 Line"的错误信息后并死机。

分析与处理：以上故障多数是由于内存与主板的插槽接触不良引起，处理方法是取出内存，清洁内存插槽，并检查内存插槽是否有损坏的迹象，用橡皮擦擦拭内存条金手指，然后重新插入，一般情况下问题都可以解决，如果还是无法开机则将内存拔出，插入另外一条内存条进行测试。

【故障二】 随机性死机

故障现象：买回一条内存条同原有的内存条一起使用，计算机无法自检，或者自检通过了但启动 Windows 时死机。

分析与处理：这可能是内存条不兼容引起的故障，启动计算机后直接进入 BIOS 设置，然后将内存条的工作状态设置为规格性能较低的那条内存条的标准，一般可以解决问题。如果问题还是存在，可以考虑更换内存条安插位置。升级内存时应尽量购买同一频率（最好是同一品牌）的内存条。还有一种可能就是内存条与主板不兼容，此类现象一般少见，另外也有可能是内存条与主板接触不良引起计算机随机性死机。

【故障三】 Windows 经常自动进入安全模式

分析与处理：此类故障一般是由于主板与内存条不兼容或内存条质量不佳引起，常见于高频率的内存用于某些不支持此频率内存条的主板上，可以尝试在 CMOS 设置内降低内存读取速度。

五、硬盘故障排除

硬盘的故障可以分为纯硬件故障和软件故障。相对来说，软件引起的硬盘故障比较复杂，因为硬盘牵涉到系统软件和应用软件，但是解决的方式有时候却比较简单，比如主引导扇区被非法修改导致系统无法启动、非正常关机后引起的逻辑坏道等，一般通过重新分区格式化即可解决。而纯硬件的故障就比较麻烦，一个是系统引起的硬件故障，如主板的 IDE 接口松动、与其他硬件设备不兼容、电源不稳定等；另一个是硬盘本身的故障，如出现坏道、分区表损坏、磁头损坏、电路板问题、电动机不转等。

1. 根据系统提示信息判定硬盘故障

在硬盘出现故障时通常在屏幕上会显示一些英文提示信息，这些信息提示有助于判定硬盘故障的原因，常见硬盘故障提示信息见表 5—4。

表 5—4　　　　　常见硬盘故障提示信息

提示信息	含义
Date error（数据错误）	从磁盘上读取数据存在不可修复错误，磁盘上有坏扇区或坏的文件分配表
Hard disk configuration error（硬盘配置错误）	硬盘配置不正确、跳线不对、硬盘参数设置不正确等
Hard disk controller failure（硬盘控制器失效）	控制器卡（多功能卡）松动、连线不对、硬盘配置不正确、跳线不对、硬盘参数设置不正确等
Hard disk failure（硬盘失效故障）	控制器卡（多功能卡）故障，硬盘配置不正确、跳线不对、硬盘物理故障
Hard disk drive read failure（硬盘驱动器读取失效）	控制器卡（多功能卡）松动、硬盘配置不正确、硬盘参数设置不正确、硬盘记录数据被破坏等
No boot device available（无引导设备）	系统找不到作为引导设备的软盘或硬盘
No boot sector on hard disk drive（硬盘上无引导扇区）	硬盘上引导扇区丢失，感染了病毒或配置参数不正确

续表

提示信息	含义
Non system disk or disk error（非系统盘或磁盘错误）	作为引导的磁盘不是系统盘，不含有系统引导和核心文件，或磁盘片本身故障
Sector not found（扇区未找到）	系统在软盘和硬盘上不能定位给定扇区
seek error（搜索错误）	系统在软盘和硬盘上不能定位给定扇区、磁道或磁头
Reset failed（硬盘复位失败）	硬盘或硬盘接口的电路故障
Fatal error Rad Hard Disk（硬盘致命错误）	硬盘或硬盘接口故障
No Hard Disk Installed（没有安装硬盘）	没有安装硬盘，但是CMOS参数中设置了硬盘，硬盘驱动器没有接好，硬盘卡（多功能卡）没有接插好；硬盘驱动器或硬盘卡故障
No Fixed Disk Present（硬盘不存在）	CMOS中没有设置硬盘
Invalid media type（介质类型错误）	系统寻找第一个引导分区时，发现硬盘的分区表所设置的活动分区非法
Disk I/O error Replace the disk, and then press any key（磁盘I/O错误）	磁盘I/O错误，检测是否有坏道，也可能是分区表被破坏，使用fdisk/mbr命令进行修复
Invalid partition table（无效分区表）	说明硬盘主引导记录被破坏，可进行MBR修复或者重新分区
TRACK 0 BAD, DISK UN-USABLE（0磁道损坏）	零磁道损坏，可使用Diskman将零磁道的"起始柱面"的0修改为1

2. 根据故障代码判定硬盘故障

当硬盘出现故障时，屏幕会显示用数字表示的硬盘故障信息，即硬盘故障代码。常见的硬盘故障代码见表5—5。

表 5—5　　　　　　　常见的硬盘故障代码

代码	代码含义	代码	代码含义
1700	硬盘系统通过（正常）	1710	读数据时扇区缓冲器溢出
1701	不可识别的硬盘系统	1711	坏的地址标志
1702	硬盘操作超时	1712	不可识别的错误
1703	硬盘驱动器选择失败	1713	数据比较错误
1704	硬盘控制器失败	1780	硬盘驱动器 C 故障
1705	要找的记录未找到	1781	D 盘故障
1706	写操作失败	1782	硬盘控制器错误
1707	磁道信号错误	1790	C 盘测试错误
1708	磁头选择信号有错误	1791	D 盘测试错误
1709	ECC 检验错误		

3．硬盘故障的类型

（1）硬盘物理损坏。硬盘物理故障主要有磁头损坏、电路板问题、电动机不转、读写臂机械故障等，一般做返厂送修处理。

（2）磁盘坏道。硬盘的坏道分为逻辑坏道和物理坏道两种，如果是逻辑坏道，可以使用修复软件进行修复；如果是物理坏道，建议先备份有用的数据，然后尝试用软件屏蔽坏道或修复，例如使用 HDD Regenerator（硬盘物理坏道修复工具）软件。

（3）分区表损坏。分区表损坏通常是由于病毒、其他软件原因或者非正常关机引起的，可以使用软件修复或重新分区。

（4）系统找不到硬盘。系统找不到硬盘可能是接触不良、连线故障、跳线设置错误、BIOS 设置错误等原因引起，可以重新连接、重新设置予以修复。

4．硬盘常见故障排除

【故障一】系统无法引导

故障现象：系统正常启动后无法找到硬盘。

分析与处理：一般突然出现这样的问题是由于硬盘主引导扇

区损坏，这样的问题解决相对简单，用 FDISK/MBR 命令恢复引导程序，重写硬盘主引导区，如果需要还要用 FDISK 激活系统分区。

【故障二】S. M. A. R. T 故障提示

故障现象：计算机开机时屏幕上经常会出现"S.M.A.R.T."的故障提示，但计算机能正常运行。

分析与处理：这是硬盘本身内置的自动检测功能在起作用，出现这种提示说明硬盘有潜在的物理故障，很快就会出现不定期地不能正常运行的情况。这个时候应该先备份重要数据，而后用硬盘厂家提供的专用检测工具为硬盘做一次全面的检测，例如使用的西部数据的硬盘，那就是用西部数据的检测软件，检测过程较长。

【故障三】硬盘主轴电动机不转

故障现象：通电后，硬盘主轴电动机不转。

分析与处理：首先检查硬盘的电源线是否插好；然后检查接口数据线是否插反；检查主板上的硬盘接口或数据线是否损坏。最方便的检测方法就是替换，如果有多余的数据线和硬盘，那就把原有的替换下来，一般就可以顺利检查出问题之所在，如果检查的时候发现有接触不良的情况，可用医用棉球沾无水酒精反复擦洗硬盘电路板触点及针脚部分，直到干净为止。

【故障四】屏幕显示"HDD Controller Failure（硬盘控制器故障）"

故障现象：开机后，"WAIT"提示停留很长时间，最后出现"HDD Controller Failure"。

分析与处理：造成该故障的原因一般是硬盘接口接触不良或接线错误。先检查硬盘电源线与硬盘的连接，再检查硬盘数据信号线与计算机主板及硬盘的连接，如果连接松动或连线接反都会有上述提示。

六、显卡故障排除

1. 显卡常见的故障类型

显卡的故障多种多样，综合起来主要有以下几种原因：

（1）接触不良。显卡与连接设备接触不良：此种故障表现在主板的插槽与显卡的金手指之间接触不良（报警或黑屏），或者是显卡与显示器之间的连接不畅（显示器偏色、变形，甚至显示"没有信号输出"等）。应通过细心检查显卡、显示器的插针、主板插槽以及连接电缆的通断，就能很快找出故障起因。

（2）驱动程序或显示设置错误。硬件兼容故障的表现形式多种，但起因主要是显卡的驱动程序安装不正确。一般只需在设备管理器中卸载掉显卡，重新搜索硬件、安装正确的显卡驱动程序。还有个别情况是显卡本身品质不好，或者是显卡和主板不兼容，运行一段时间后出现白屏、死机、驱动程序自动丢失等。

如果出现花屏、字迹不清等情况，则可能是显示器的分辨率设置太高超过显卡的性能，应设置合适的显示分辨率。

（3）电源功率或设置的影响。有些显卡和主板的某些电源功能有冲突，特别是当电源功率不足时，主板提供的高级电源管理功能致使显卡供电不足导致花屏的现象。建议在显示不正常的时候，注意一下 CMOS 电源方面的影响，如果是改动了设置的，把它调整为出厂时的默认值；或者把默认值中的节能等功能禁用。

（4）刷新 BIOS 后的影响。显卡的厂商都会在官网上发布新的显卡的 BIOS 供用户下载刷新，但也会出现刷新固件之后，显卡工作不稳定的情况。如果显卡工作正常、部件间配合稳定，最好不要随意升级。

2. 显卡常见故障排除

【故障一】开机无显示

故障现象：按下主机上的电源按钮后显示器一直无显示。

分析与处理：如果显示器电源线已经接好、显示器电源开关已经打开、显示器与显卡链接的信号线也接好,则应检查显卡与主板是否接触不良。对于一些集成显卡的主板,如果显存共用主内存,则需注意内存条的位置,一般在第一个内存条插槽上应插有内存条。对于因为显卡原因造成的开机无显示的故障,开机后一般会发出一长两短的蜂鸣声(对于 AWARD BIOS 显卡而言)。此时可打开机箱,取下显卡,用橡皮擦擦拭显卡上的金手指,然后再将其插上测试。

【故障二】屏幕出现异常杂点或图案

故障现象:运行中,屏幕出现异常杂点或图案。

分析与处理:此类故障一般是由于显卡的显存出现问题或显卡与主板接触不良造成。如果是因为显存的原因则需要更换显卡,如果是后者需清洁显卡金手指部位。

【故障三】颜色显示不正常

故障现象:显示器颜色显示不正常。

分析与处理:此类故障一般由以下原因造成:显卡与显示器信号线接触不良;显示器自身故障;显卡损坏;CRT 显示器被磁化(此类现象一般是由于与有磁性能的物体过分接近所致)。可针对具体情况作相应处理。

【故障四】死机

故障现象:计算机更换显卡后经常在使用中会突然黑屏,然后自动重新启动。重新启动有时可以顺利完成,但是大多数情况下自检完就会死机。

分析与处理:出现此类故障一般多由于主板与显卡的不兼容或主板与显卡接触不良,或插槽供电不足;显卡与其他扩展卡不兼容也会造成死机;也可能是 BIOS 中与显卡有关的选项设置不当。如果是第一种情况,视情况更换显卡或更换功率更大的电源即可。如果是第二种情况,在 BIOS 里的 Fast Write Supported (快速写入支持)选项中,建议设置为 No Support 以求得最大的兼容。

【故障五】显卡驱动程序丢失

故障现象：显卡驱动程序载入，运行一段时间后，驱动程序自动丢失。

分析与处理：此类故障一般是由于显卡质量不佳或显卡与主板不兼容，使得显卡温度太高，从而导致系统运行不稳定或出现死机，此时只有更换显卡。

【故障六】安装显卡驱动程序时出错

故障现象：安装显卡驱动时出现"该驱动程序将会被禁用。请与驱动程序的供应商联系，获得与此版本 Windows 兼容的更新版本"的错误提示信息。

分析与处理：出现上述问题可能是用户要试图安装一个与当前 Windows 版本不符的驱动程序，或者要安装的驱动根本就不是该设备的。排除故障时，首先要确认安装的驱动是否为该硬件的驱动程序，然后检查该驱动程序是否适用于当前的操作系统，最后检查驱动程序的版本是否是最新的版本。

【故障七】玩游戏时系统无故重启

故障现象：计算机在一般应用时正常，但在运行 3D 游戏时出现无故重启现象，重装系统后故障依旧。

分析与处理：在一般应用时计算机正常，而在玩 3D 游戏时死机，在排除内存原因后，很可能是因为玩游戏时显卡过热导致的，检查显卡的散热系统，看有没有问题，此外如果诸如显存等其他显卡元件出现问题，也可能会出现异常，造成系统死机或重新启动。排除故障时，如果是散热问题，建议更换更好的显卡散热器；如果确认是显卡的问题，建议维修或更换显卡。

【故障八】更换显卡后出现 OpenGL 问题

故障现象：更换了一块显卡后，经常出现"GLW _ StartOpenGL () -could not load OpenGL subsystem"的提示。

分析与处理：这个提示说明 OpenGL 应用程序接口出现了问题，一般是由于显卡驱动程序造成的。应该重新安装显卡驱动程序或到显卡生产商的网站下载最新版本的显卡驱动程序进行安装。

第三模块 外设故障排除

一、显示器故障排除

1. CRT 显示器故障的原因及故障排除

常见 CRT 显示器一般故障有黑屏、显示画面不稳定、色彩不正常等现象。其中环境条件和人为因素是造成显示器故障的主要原因。

【故障一】显示效果模糊

故障现象：显示器以前一直很正常，可最近发现刚打开显示器时屏幕上的字符比较模糊，过一段时间后才渐渐清楚。将显示器换到别的主机上，故障依旧。

分析与处理：如果阴极射线管开始老化了，那么灯丝加热过程就会变慢。所以在打开显示器时，阴极射线管没有达到标准温度，所以无法射出足够电子束，造成显示屏上字符因没有足够电子束轰击荧光屏而变得模糊，建议更换新的显示器。

【故障二】显示器出现"色斑"

故障现象：最近打开显示器，显示器屏幕上出现了一块块"色斑"。开始以为是显卡与显示器连接不紧造成。重新拔插后，问题依旧存在。

分析与处理：显示器被磁化产生的主要症状表现为一些区域出现水波纹路和色偏，通常在白色背景下可以很容易发现屏幕局部颜色发生细微的变化，这就可能是显示器被磁化的结果。显示器被磁化大部分是由于显示器周围可以产生磁场的设备对显像管产生了磁化作用，如音箱、磁化杯、音响等。当显像管被磁化后，首先要让显示器远离强磁场，然后看一看显示器屏幕菜单中有无消磁功能，如果有，按下按键，可发现显示器出现短暂的抖动，这属于正常消磁过程。

【故障三】显示器屏幕变暗

故障现象：屏幕变得暗淡，而且还越来越严重。

分析与处理：如果在一些显示模式下屏幕并非很暗淡，可能是显示卡的刷新频率不正常，尝试改变刷新频率或升级驱动程序。如果显示器内部灰尘过多或显像管老化也能导致颜色变暗，可以自行清理一下灰尘。当亮度已经调节到最大而无效时，发暗的图像四个边缘都消失在黑暗之中，这就是显示器高电压的问题，只有依靠专业人员修理了。

【故障四】显示器色变

故障现象：开机后，显示器突然变为全屏的蓝色。

分析与处理：显示器色变有几种情况，如全屏蓝色和全屏粉红色。屏幕显示蓝色这种现象的出现多数是由于显示器信号线接口的指针被弄弯曲了，或者显示器信号线接口松动了。关机后，拔下显示器与显卡连接的信号线接口看看。如果有弯曲的针，则用尖嘴钳轻轻将针扶直即可。若还不正常，可到另外的计算机上测试一下该显示器，这时如果蓝色消失，说明是显卡的问题；假如蓝色依旧，说明的显示器里的蓝色驱动电路部分有问题，只能去专业维修部门修理了。

2. 液晶显示器常见故障

【故障一】显示器整机无电

故障现象：液晶显示器整机无电，显示器不能正常开机。

分析与处理：故障范围主要涉及电源电路和驱动板电路。

电源故障：一般的液晶显示器分机内电源和机外电源两种，不论哪种电源，它的结构比 CRT 显示器的电源简单多了，易损的一般是一些小元件，像熔丝管、整流桥、滤波电容、电源开关管、电源管理 IC、整流输出二极管、滤波电容等。

驱动板故障：驱动板的熔丝烧断或者是稳压芯片出现故障，

有部分计算机是把开关电源内置,输出两组电源,其中一组是5 V,供信号处理用,另外一组是12 V,供高压板点背光用。如果开关电源部分电路出现了故障,有可能导致两组电源均没输出。先查12 V电压正常否,接着查5 V电压正常否,因为A/D驱动板的MCU芯片的工作电压是5 V,所以查找开不了机的故障时,先用万用表测量5 V电压,如果没有5 V电压或者5 V电压变得很低,那么一种可能是电源电路输入级出现了问题,也就是说12 V转换到5 V的电源部分出了问题。另一种可能后级的信号处理电路出了问题,有部分电路损坏,引起负载加重,把5 V电压拉得很低,逐一排查后级出现问题的元件,替换掉出现故障的元件后,5 V能恢复正常,故障一般就此解决。

【故障二】显示器暗屏

一般是高压异常造成保护电路起作用,在这种情况下,一般液晶屏上是有显示的。

故障现象:液晶显示器开机亮一下,马上出现暗屏。

分析与处理:看的方法是"斜视"。造成故障的原因主要涉及+12 V电源电路工作不正常、背光灯管本身性能不良和高压板电路出现故障。

【故障三】液晶显示器出现花屏

故障现象:液晶显示器出现花屏时背光正常,液晶显示器产生水平条纹及彩色的竖条纹,有时会出现显示模糊的现象。

分析与处理:出现花屏的故障原因主要涉及+5 V电压输出不正常、驱动板电路工作不正常、信号线的输入和传输电缆接口不良、液晶驱动电路板故障和液晶屏本身损坏等。

【故障四】液晶显示器出现白屏

故障现象:液晶显示器满屏白色光栅出现,而没有任何图像显示。

分析与处理:液晶显示器出现白屏的实质是背光灯正常,但液晶屏没有正确收到驱动板传送过来的图像信号,造成没有任何图像显示的迹象。造成液晶显示器出现白屏的原因是液晶面板驱动电路出现问题、液晶面板供电电路出现问题、屏线没接好或屏线接口处给屏供电的保险开路、主板控制电路出现问题等引起驱动板图像处理电路工作不正常，可先更换驱动板和屏线，若不行再检查屏背板供电电路。

【故障五】液晶显示器出现黑屏

故障现象：液晶显示器黑屏，无背光，电源灯绿灯常亮。

分析与处理：说明背光电路和驱动电路都没正常工作。引起黑屏故障的原因是电源电路和驱动板电路工作不正常。斜视液晶屏有显示图像，多属于高压板供电电路问题，重点检查 12 V 供电和 3 V 或 5 V 的开关电压是否正常。

3. 液晶显示器的保养

（1）避免屏幕内部烧坏。在不用的时候，一定要关闭显示器，或者降低显示器的显示亮度，否则时间长了，就会导致内部烧坏或者老化。这种损坏一旦发生就是永久性的，无法挽回。如果长时间地连续显示一种固定的内容，就有可能导致某些 LCD 像素过热，进而造成内部烧坏。为了避免这种内部烧坏，在不使用的时候可采取下列措施：

1）不使用的时候关掉显示器。

2）运行屏幕保护程序。

3）将显示屏的亮度减小到比较暗的水平。

4）显示一种全白的屏幕内容。

（2）保持环境的湿度。不要让任何具有湿气的东西进入 LCD。发现有雾气，要用软布将其轻轻地擦去，然后才能打开电源。如果已经进入 LCD 了，就必须将 LCD 放置到较温暖而干燥的地方，以便让其中的水分和有机化合物蒸发，对含有湿气的 LCD 通电，能够导致液晶电极腐蚀，进而造成永久性损坏。

4. 液晶显示器容易损坏的部件及故障分析

液晶显示器中容易损坏的部件是：高压板、数据线、驱动板、内置电源和屏幕本身,下面就这些情况进行分析。

(1) 液晶显示器故障较多的还是高压板。高压板出问题后,出现的故障现象一般分成以下两种:

1) 灯管能亮一下,很快就不亮了。

2) 灯管根本就不亮。

针对这两种故障,都可以修复高压板或直接更换高压板。

(2) VGA 线损坏。VGA 线损坏造成颜色不对或计算机不工作,直接更换 VGA 线。

(3) 驱动板损坏。驱动板损坏一般是不能开机或开机不能正常工作。驱动板损坏,大致分为主芯片损坏、MCU 损坏或数据丢失、供电电路损坏等。

(4) 内置电源损坏。内置电源损坏主要是不输出电压或输出电压带不起负载。一般先查输出部分有没有电压输出。如果有电压输出,交流电路就基本上没问题了,要查的就是直流电路了,比如保护电路出现问题、滤波电路开路或电容失效、整流二极管坏等;输出部分没有电压输出,先查后级负载有没有短路。有短路先断开短路电路,看电压是否恢复正常。如果后级电路没有短路,那就需要查交流电部分,从交流 220 V 到桥堆,经整流滤波后得到 300 V 直流电,300 V 到后级开关管到电源管理 IC 等电路,逐一排查。

(5) 屏幕损坏。屏幕损坏一般有以下几种情况:花屏、竖彩条等;白屏或黑屏;亮线、亮带、暗线、黑线、黑斑;背光纸、背光板不亮、偏光膜刮伤等。

5. 液晶显示器维修方法

(1) 观察法。观察法就是通过人的视觉、嗅觉和听觉等方式来检查液晶显示器比较明显的故障,如保险管是否变黑,电解电容是否鼓包、漏液,大功率电阻是否有烧焦的痕迹,电路板焊点是否有明显虚焊,各电路板之间的连接线接口是否连接不良等;另外,当内部电路存在短路现象把有些元器件烧焦并发出烧焦味或产生冒烟现象，甚至有些器件发出异常的声响等。

(2) 直观检查法。所谓直观检查法是指从液晶显示屏直接观察（比如花屏、白屏、显示颜色问题）显示器出现故障现象，或在显示器外部或内部直接观察不正常的现象。直观检查法分为外部检查法、内部检查法、通电检查法等。

(3) 触摸法。所谓触摸法是指维修者用手感知电路中主要元器件温度的情况来判断故障的一种方法。具体操作方法是先让液晶显示器工作一段时间后，拔掉电源插头，用手直接触摸主要元器件的温度，通过手感知的温度高低来判断分析故障。在用手感知温度的过程中如果大功率器件（如大功率开关管、整流管、大规模集成电路等）不发热，说明该器件没工作或已损坏；如果用手感知的温度很高（烫手）说明该器件负载过重，流过其电流很大，电路很有可能存在短路现象。

(4) 比较法。比较法是指用一台同型号且工作正常的显示器与一台故障显示器进行同部位的测量比较，根据比较结果来分析和判断故障。具体操作是让故障显示器和同型号的显示器在同一种工作状态下工作，分别通过测量同部位的电压、电流、电阻或信号波形来进行比较，通过比较后的结果来分析和判断故障所在的范围或故障点。

(5) 代换法。代换法是指对液晶显示器可能会出现的故障部位或元件进行代换，从而达到解决故障的一种方法。

(6) 电阻检测法、电压检测法和波形检测法。电阻检测法是维修液晶显示器的基本方法。电阻检测法是指在液晶显示器断电的状态下，用万用表测量电路的对地电阻值和元器件本身的电阻值，根据测量出来的电阻值来判断集成电路芯片和元器件的好坏，以及判断负载电路是否有严重短路和开路的情况。

电压检测法是最常用的一种检修方法，它是通过测量电路和元器件的工作电压值来判断和分析故障。一般是在液晶显示器通电状态下用万用表的电压挡测量关键点的电压值是否正常，从而推断故障所在的范围。

波形检测法是用示波器检测液晶显示器在通电状态下的各关键点的信号波形，再将测得的波形与电路信号正常波形相比较来分析和判断故障。如果检测到关键点无信号波形，说明该电路没有工作；如果检测出来的波形和实际波形不一样，则说明该电路元器件存在性能异常现象。

二、键鼠故障排除

1. 键盘日常维护

(1) 更换 PS/2 接口的键盘必须在关闭计算机电源的情况下进行。

(2) 机械式键盘按键失灵，原因大多是金属触点接触不良，应重点检查维护金属触点、弹簧（片），使其接触良好。

(3) 在操作键盘时，按键动作要适当，不可用力过大，以防键的机械部分受损而失效。按键的时间不应过长，按键时间大于 0.7 s，计算机将连续执行这个键的功能，直到松开该键为止。

(4) 键盘的维护主要就是定期清洁表面的污垢，一般清洁可以用柔软干净的湿布擦拭键盘，对于顽固的污渍可以用中性的清洁剂擦除，最后还要用湿布再擦洗一遍，在清洗键帽下方的灰尘时，不一定非要把键帽全部拆卸下来，可以用普通的注射针筒抽取无水酒精，对准反应不良键位接缝处注射，并不断按键以加强清洗效果。

(5) 大多数键盘没有防水装置，一旦有液体流进，便会使键盘受到损害，造成接触不良、腐蚀电路和短路等故障。当大量液体进入键盘时，应当尽快关机，将键盘接口拔下，打开键盘，用干净、吸水的软布擦干内部的积水，最后在通风处自然晾干。

2. 键盘故障排除

键盘出现故障的原因是多样的，主要有控制电路部分损坏、主板控制接口损坏、个别键不起作用（按下键后屏幕无反应）、部分键失灵、部分键按下后不能复位（即弹不起来）还有逻辑电路故障、焊点虚焊脱焊故障等。

（1）光标停不住、字符输不进去。在使用键盘时，遇到光标停不住、字符输不进去的现象，最大的可能便是空格键或某一字符键复位弹簧弹性失效所致，它不断产生空格或字符，以至于其他键不能输入。遇到此种情况，只要将空格键（或某字符键）设法弹起，此现象即可消失。若此现象经常发生，则需要更换按键复位弹簧或设法使其恢复弹性。

（2）按下某个键屏幕上没有反应，按键失效。出现按键失效故障有两种可能：其一，键盘内部的电路板上有污垢，导致键盘的触点与触片之间接触不良，使按键失灵。解决方法是将键盘拆开（不是只撬起失灵键），用软毛刷将电路板上的污垢清除，同时使用无水酒精清洗键盘按键下面与键帽接触的部分，如果表面有一层透明薄膜，应揭开后清洗；其二，该按键内部的弹簧片因老化而变形，导致接触不良。解决方法是将键盘拆开，把有问题的键换掉即可，如果暂时找不到新的键体，可以把键盘上不常用的键体进行调整即可。

（3）开机后键盘指示灯不亮，按键无反应。出现开机后键盘指示灯不亮，按键无反应故障时主要是因为键盘的熔丝烧毁，通常熔丝设置在主板键盘插槽的附近，为保护控制电路所设，按照标记检查即可。

（4）键盘不小心渗入水或其他液体。键盘不小心渗入水，可能导致某些按键有问题或电路短路，这时应及时卸掉键盘，将键盘倒置，拍打键盘底部，促使液体流出，用干净的布或纸巾对键盘渗水部分进行"吸水"操作，再将键盘放在通风处晾干。

（5）按下一个键后会同时出现多个字符。按下一个键后会同时出现多个字符由于键盘使用时间比较长后，其内部电路板局部短路造成的。解决方法是将键盘拆开，检查有故障按键下面对应的电路板上是否有金属粉末，如果有可用软毛刷将其清除再用无水酒精擦洗干净即可。如果绝缘漆被磨掉，应先用无水酒精将电路板擦干净，将胶布贴在已磨损的地方即可。

（6）某些字符无法键入。某些字符无法键入是因为键盘上的一些字母常用，容易出问题，个别键的弹簧失去弹性，只需清洗键盘内部即可，一般情况下，这种故障大多是按键失效或焊接点失效引起的。

3. 鼠标常见故障

鼠标分为机械鼠标和光电鼠标，现在的鼠标一般为光电鼠标，有有线和无线两种。光电鼠标故障的 90% 以上是由断线、按键接触不良、光学系统脏污造成，少数劣质产品也常有虚焊和元件损坏的情况出现。

（1）电缆断线。电缆芯线断路主要表现为光标不动或时好时坏，用手推动连线，光标抖动。一般断线故障多发生在插头或电缆线引出端等频繁弯折处，此时护套完好无损，从外表上一般看不出来，而且由于断开处时接时断，用万用表也不好测量。处理方法是拆开鼠标，将电缆排线插头从电路板上拔下，并按连线的颜色与插针的对应关系做好标记后，然后把连线按断线的位置剪去 5~6 cm，如果手头有孔形插针和压线器，就可以照原样压线，否则只能采用焊接的方法，将连线焊在孔形插针的尾部。

（2）按键磨损故障。按键磨损故障是由于微动开关上的条形按钮与塑料上盖的条形按钮接触部位长时间频繁摩擦所致，测量微动开关能正常通断，说明微动开关本身没有问题。处理方法可在上盖与条形按钮接触处刷一层快干胶，也可贴一张不干胶纸做应急处理。

（3）按键失灵故障。按键失灵多为微动开关中的簧片断裂或内部接触不良，这种情况须另换一只按键，如果一时无法找到代用品，则可以考虑将不常使用的中键与左键用来替换，具体操作是：用电烙铁拆下鼠标左、中键，做好记号，把拆下的中键焊回左键位置，按键开关须贴紧电路板焊接，否则该按键会高于其他按键而导致手感不适，严重时会导致其他按键失灵。另外，鼠标电路板上元件焊接不良也可能导致按键失灵,最常见的情况是电路板上的焊点长时间受力而断裂或脱焊。这种情况须用电烙铁补焊或将断裂的电路引脚重新连好。

(4) 灵敏度变差。灵敏度变差是光电鼠标的常见故障,具体表现为移动鼠标时,光标反应迟钝,不受指挥。故障的原因是多样的,解决方法主要有更换型号相同的发光管或光敏管;调节发光管的位置,使之恢复原位,用少量的胶水固定发光管的位置;用棉球沾无水酒精擦洗,擦洗发光管、透镜及反光镜、光敏管等部件表面,然后再用干净的棉棒轻轻擦拭,直到光洁为止;保持光电板的清洁和良好感光状态,同时鼠标相对于光电板的位置要正确。

(5) 鼠标定位不准。鼠标定位不准故障表现为鼠标位置不定或经常无故发生飘移,故障原因主要有:

1) 外界的杂散光影响。现在有些鼠标为了追求漂亮美观、外壳的透光性太好,如果光路屏蔽不好,再加上周围有强光干扰的话,就很容易影响到鼠标内部光信号的传输,而产生的干扰脉冲便会导致鼠标误动作。

2) 如果电路中有虚焊,会使电路产生的脉冲混入造成干扰,对电路的正常工作产生影响。此时,需要仔细检查电路的焊点,特别是某些易受力的部位。发现虚焊点后,用电烙铁补焊即可。

3) 晶振或 IC 质量不好,受温度影响,使其工作频率不稳或产生飘移,此时,只能用同型号、同频率的集成电路或晶振替换。

三、打印机故障排除

1. 针式打印机常见故障

(1) 打印头断针。打印头断针是针式打印机最常见的故障之一。若打印出的字整行中有了一条或几条空线,就表明打印机的打印针出了问题。遇到断针故障可以送修或自己动手更换,也可以使用专门的"断针处理程序",在断针不多的情况下可以保证打印正常进行，其原理很简单，就是用其他针替换断针，此外这种程序还具有预防断针的作用，因为它强行使各枚针轮换打印横线。对于针式打印机，一定要少打印蜡纸和有大量横线的表格，否则极易断针。平时还应注意经常清理打印头上的阻塞物及疏通打印头的导针孔。

（2）打印色带故障。大多数针式打印机的色带盒内部传动齿轮为塑料制品，时间一长就可能磨损失效，这时色带就无法正常转动，导致整台打印机也无法正常使用，甚至会导致断针，损坏打印头。最彻底的解决方法是换一个色带盒，但如果当地找不到匹配色带盒，可以想法自己修复，打开色带盒，找出具体失效的部件，然后寻找替代品或自制即可。平时应注意检查打印深度调节杆是否在适当的位置，通过调节打印深度可以增强打印效果和质量，但是如果调节不当的话，将使色带很快损坏。一旦出现打印字符颜色变浅、发白的情况，应该及时更换打印色带。另外针式打印机有许多机械运动部件，长时间使用容易磨损，会导致打印机出现故障而无法正常打印，平时使用时应注意机械运动部件的润滑和清洁，出现问题及时检查更换。

2. 喷墨打印机常见故障

（1）喷头堵塞。喷头堵塞可以说是喷打最常见的故障。由于工作原理的局限，任何喷墨打印机在较长时间不使用的情况下，喷头都可能堵塞。对于喷头、墨盒一体化设计的墨盒（如佳能、HP 系列），如果喷头堵塞，可以按如下办法处理：找块干净玻璃，滴少许清水，将墨盒喷头浸在水中几小时，注意不要湿到触点，再用纸巾沾拭喷嘴，能通畅渗出墨水即可。若仅有轻微渗出，可从通气孔向墨盒里吹气或打气，看到墨水从喷嘴流出较通畅即可。只要喷嘴或喷头线路未损坏，此法能解决大部分墨盒堵塞的问题。而 Epson 喷墨打印机，打印头设计成喷头、墨盒分体式结构，而且只在墨盒出墨口上装了不锈钢超精细滤网，喷头上没装滤网，放置一段时间不用后，喷头很容易堵塞，喷头一旦堵塞,可以先试试用维护程序反复清洗喷头,无效的话就只能送维修点更换喷头了。另外由于喷墨打印机原装墨盒的成本很高,因此一般家庭用户现在普遍使用兼容墨盒或者灌装墨水,如果使用质量不好的墨水或非喷墨专用墨水,就可能对打印机造成致命损害,因此在这方面大家一定要谨慎选择。

(2)打印品质变差。打印品质变差,比如图片的色彩与屏幕上显示的颜色不太一致,可以使用 Photoshop 等图像处理软件对图片颜色进行调整,能在一定程度上解决此问题。若某种颜色严重缺色,则很可能是该种颜色的墨水将用尽,及时填充墨水即可解决。如果打印出来的图像品质很差,多与所用的纸张不符合要求或者喷头出现故障有关。

3. 激光打印机常见故障

字迹浓淡不均:激光打印机开始打印的效果非常好,使用一段时间后,打印的字迹就浓淡不均甚至字迹模糊,这是激光打印机比较常见的故障。造成这个问题的原因较多,最常见的原因就是硒鼓内的墨粉快用完了,应急的处理方法是将硒鼓取出后使劲摇动几下,再安装上去,这样可以暂时解决字迹偏淡的问题,然后应该尽快添加墨粉,一般来说大多数激光打印机的硒鼓可以添加一到两次墨粉,再进行更换,可以大大降低打印成本。此外,还有一些其他的原因可能会导致激光打印机打印的字迹偏淡,如显影辊的显影电压偏低、墨粉未被极化带电而无法转移到感光鼓上等,都会造成打印的字迹偏淡。另外,如果填装墨粉或安装硒鼓时不小心,使得激光镜面(在硒鼓安装位置的背面)某部位沾染了墨粉,也将造成打印不正常,此时只需取下硒鼓,用相机镜头纸轻轻擦拭激光镜面,使其清洁即可。

部分低档激光打印机会在打印复杂页面时出现异常或者无法进行双面打印、连续打印等问题,原因多是打印机内存不够,只能通过为打印机增添内存解决。

4. 打印机软故障

打印机出现不能正常打印的故障，大多数情况下也许并非打印机发生了硬件故障，也可能是设置不正确或病毒等原因引起故障。

（1）病毒干扰。打印机出现故障时，尤其是并行接口打印机不能正常工作时，很可能是因为系统感染了让并行接口失效的病毒，可运行最新的反病毒软件进行杀毒处理。

（2）打印端口设置问题。对于早期型号的并行接口打印机，如果打印机无法正常打印，请禁用打印机的双向支持。在打印机属性的"假脱机设置"中，选择选项中的"禁用双向支持"，然后单击"确定"即可。另外也可以在主板 BIOS 设置中将并口属性由"ECC/EPP"调整为"Normal"。

（3）打印机数据通信线问题。检查打印机连接电缆接口是否松动、脱落，当然最好能更换一根打印机电缆线。

（4）打印驱动程序不匹配。检查打印驱动程序是否匹配，安装设置是否正确，最好安装厂家提供的新版驱动程序。再检查使用的应用软件是否正常，系统分区的磁盘剩余空间是否足够等。

四、机箱电源故障排除

【故障一】机箱上带有静电

分析与处理：如果机箱漏电比较轻微可以不用管它，但如果漏电比较严重，就有可能会使机箱内的硬件配件损坏，这就必须解决了。首先要检查是否是电源质量不合格，若电源质量较差最好更换一个新的电源。另外，解决漏电现象只需使机箱接地即可，可以用一根电线，一头接在机箱上，另一头连接大地，使机箱与大地形成回路便可释放掉漏电流。

【故障二】机箱内发出异味

分析与处理：如果机箱出现异味，要千万小心，这可能是机箱内有些配件被烧坏或因电流过大而烧焦。此时千万不能大意，一定要找出问题所在，否则可能会造成计算机损坏。首先断开电源,打开机箱,找到发出异味的部件,将其卸下交给专业维修部门处理,如果没过质保期的,可以更换或维修。另外,显示器千万不要自行拆开,由于它会带有高压电,只能交由专业人员维修。

【故障三】劣质电源导致不能开机

分析与处理:出现不能开机的现象,如果不是因配件接触不良,就是杂牌电源造成的,由于杂牌电源一般做工较差,容易产生供电不正常或插头损坏等问题。拆开机箱,在按下开机按钮后,可用万用表检测4芯供电插头上的各组电压,看是否正常,并检查各插头孔中的铜芯是否损坏变形,且把20芯的主板供电插头也拔下来,仔细检查各个孔内的铜芯是否变形或损坏,如果仅是变形,找工具将它们恢复原状即可,并将各电源插头插好;若插头已损坏,可送交专业维修处修理,或更换新电源。

【故障四】机箱前置USB接口不能使用

分析与处理:首先要了解机箱前面板上的USB接口,一般都有两个USB接口,是通过两组4芯数据线连接到主板预留的两个USB接口插针上的。4芯数据线的颜色分别为:红、白、绿、黑,它们与主板的USB接口插针的对应关系如下:

红(V):电源正极,对应主板的VCC、+5 V、VC

白(USB−):信号线负极,对应主板的port−、data−、USB−

绿(USB+):信号线正极,对应主板的port+、data+、USB+

黑(G):地线,对应主板的GND、G、地线

只要根据连线的颜色与所对应的插针插好,前置USB一般就可以使用了。

【故障五】计算机不能正常关机

分析与处理:出现计算机不能正常关机的现象,其原因可能是系统没有启用高级电源管理,或主板对ACPI电源管理标准支

持不好，要解决这种现象，可以在 Windows 中打开"控制面板"，选择其中的"电源管理"→"高级电源管理"，选中"启用高级电源管理"复选框，即将 ACPI 电源管理方式改为 APM 电源管理方式，因为 APM 是一个老的电源管理标准，所有的主板都可以很好地支持它。强制 Windows 使用 APM 电源管理标准后一般就可正常关闭计算机了。

【故障六】电压不稳造成计算机重启

分析与处理：如果各配件没有故障而计算机仍出现重启的现象，可能是家用线路电压不稳定所造成的。如果当地的电压不稳定，就极易出现显示器画面抖动、重启等现象，而且这种情况特别容易损坏计算机的各种配件。如果电压问题不能解决，最好购买一个 UPS 电源，当电压不稳或突然停电时，UPS 就会适当延长供电时间，这样就不怕断电了。

【故障七】电源发出噪声

分析与处理：电源发出"嗡嗡"的声音可能是电源盒内的散热风扇所致，可能是风扇电动机轴承松动，使得在旋转时发出"嗡嗡"的声音。这种原因造成的声音，不会因为反复冷启动而消失；电动机轴承润滑不好，造成启动时阻力增加，从而发出噪声，在电动机轴承处滴入少量润滑油增加润滑度后便可改善这种情况。

五、移动存储设备故障排除

当移动存储设备插上 USB 接口时，系统无法识别出 USB 设备，这样的现象时常见到，在排除 USB 存储设备本身故障后，出现无法识别现象的原因一般有以下几个方面：

【故障一】USB 接口电压不足

分析与处理：USB 接口电压不足故障通常存在于移动硬盘上，当把移动硬盘接在前置 USB 接口上时就有可能发生系统无法识别出设备的故障，原因是移动硬盘功率比较大，对电压要求相对比较严格，前置的 USB 接口是通过线缆连接到机箱上的，在传输时便会消耗大量的电压，因此，在使用移动硬盘时，要注意尽量接在主板自带的后置 USB 接口上，也可以通过外接的电源适配器来单独供电。当然，在一些老的主板上，必须使用独立电源适配器才能使 USB 设备正常工作。

【故障二】前置 USB 线接错

分析与处理：一是当主板上的 USB 线和机箱上的前置 USB 接口对应相接时把正负接反就会发生前置 USB 线接错故障，这也是相当危险的，因为正负接反很可能会使得 USB 设备烧毁，严重还会烧毁主板；二是主板和系统的兼容性问题。这类故障中最著名的就是 NF2 主板与 USB 的兼容性问题。假如是在 NF2 的主板上碰到这个问题的话，可以先安装最新的 nForce2 专用 USB 2.0 驱动和补丁、最新的主板补丁和操作系统补丁，还是不行的话尝试着刷新一下主板的 BIOS 一般都能解决；三是系统或 BIOS 问题。在 BIOS 或操作系统中禁用了 USB 时就会发生 USB 设备无法在系统中识别，解决方法是开启与 USB 设备相关的选项。

第六单元　软件故障诊断与排除

　　计算机软件一般可以分为系统软件和应用软件两大类。系统软件是操作计算机所必需的，应用软件是用户在各个领域中，为解决各类实际问题而开发的软件，比如人事管理软件、财务管理软件等。软件故障常常是由下面一些原因造成的。

　　1. 软件不兼容

　　有些软件在运行时与其他软件有冲突，相互不能兼容。如果这两个不能兼容的软件同时运行，可能会中止程序的运行，严重的将会使系统崩溃。比如系统中存在多个杀毒软件，很容易造成系统运行不稳定。

　　2. 非法操作

　　由于人为操作不当造成非法操作，如卸载程序时不使用程序自带的卸载程序，而直接将程序所在的文件夹删除，给系统留下大量的垃圾文件，成为系统故障隐患。

　　3. 误操作

　　误操作是指用户在使用计算机时，误将有用的系统文件删除或者执行了格式化命令，使硬盘中重要的数据丢失。

　　4. 病毒的破坏

　　计算机病毒会给系统带来难以预料的破坏，会感染硬盘中的可执行文件、破坏系统文件，甚至会破坏计算机的硬件。

　　5. 软件的参数设置不合理

　　一个软件特别是应用软件总是在一个具体用户环境下使用的，如果用户设置的环境参数不能满足用户使用的环境要求，那么用户在使用时往往会感觉软件有某些缺陷或者故障。

第一模块 操作系统故障排除

一、Windows XP 启动选项菜单

1. Windows XP 启动的选项菜单

当计算机不能正常启动时或者在启动时按"F8"键，就会进入 Windows XP 启动的高级选项菜单，在这里可以选择除正常启动外的 8 种不同的模式来启动 Windows XP。

（1）安全模式。选用安全模式启动 Windows XP 时，系统只使用一些最基本的文件和驱动程序启动。进入安全模式是诊断故障的一个重要步骤。如果安全模式启动后无法确定问题，或者根本无法启动安全模式，那就可能需要使用紧急修复磁盘修复系统了。

（2）网络安全模式。网络安全模式和安全模式类似，但是增加了对网络连接的支持。在局域网环境中解决 Windows XP 的启动故障，此选项很有用。

（3）命令提示符的安全模式。命令提示符的安全模式也和安全模式类似，只使用基本的文件和驱动程序启动 Windows XP。但登录后屏幕出现的是命令提示符，而不是 Windows 桌面。

（4）启用启动日志。启用启动日志会启动 Windows XP，同时将由系统加载的所有驱动程序和服务记录到文件中，文件名为 ntbtlog.txt，位于 Windir 目录中。该日志对判断系统启动问题的确切原因很有用。

（5）启用 VGA 模式。启用 VGA 模式会使用基本 VGA 驱动程序启动 Windows XP。当安装了新的显卡驱动程序使 Windows XP 不能正常启动，或由于显示刷新频率设置不当造成故障时，这种模式十分有用。在安全模式下启动 Windows XP 时，只使用最基本的显卡驱动程序。

(6) 最近一次的正确配置。选择"使用'最后一次正确的配置'启动 Windows XP"是解决诸如新添加的驱动程序与硬件不相符之类问题的一种方法。用这种方式启动，Windows XP 只恢复注册表项 HKEY_LOCAL_MACHINE \ System \ CurrentControlSet 下的信息。任何在其他注册表项中所做的更改均保持不变。

(7) 目录服务恢复模式。目录服务恢复模式不适用于 Windows XP Professional（专业版），这是针对 Windows XP Server 操作系统的，并只用于还原域控制器上的 Sysvol 目录和 Active Directory 目录服务。

(8) 调试模式。启用调试模式会启动 Windows XP，同时将调试信息通过串行电缆发送到其他计算机。如果正在或已经使用远程安装服务在计算机上安装 Windows XP，可以看到与使用远程安装服务恢复系统相关的附加选项。

2. 安全模式的用途

(1) 修复系统故障。如果 Windows 运行起来不太稳定或者无法正常启动，这时可以试着重新启动计算机并切换到安全模式启动，之后再重新启动计算机，因为 Windows 在安全模式下启动时可以自动修复由注册表问题，该方法可以有效修复由注册表问题而引起的系统故障，在安全模式下启动 Windows 成功后，一般就可以在正常模式下启动了。

(2) 恢复系统设置。如果不能正常启动系统是因为安装了新软件，请在安全模式中卸载该软件，如果是更改了某些设置，比如显示分辨率设置超出显示器显示范围，导致了黑屏，那么进入安全模式后就可以改变回来，还有把带有密码的屏幕保护程序放在"启动"菜单中，忘记密码后，导致无法正常操作该计算机，也可以进入安全模式更改。

(3) 删除顽固文件。在 Windows 下删除一些文件或者清除回收站内容时，系统有时候会提示"某某文件正在被使用，无法删除"的字样。重新启动计算机，并在启动时进入安全模式，试着删除那些顽固文件并清空回收站，由于在安全模式下Windows放弃了对这些文件的保护，就可以把它们删除了。

（4）彻底清除病毒。在Windows正常模式下有时并不能干净彻底地清除病毒，因为它们极有可能会交叉感染，这时可以把系统启动至安全模式，使Windows只加载最基本的驱动程序，这样杀起病毒来就更彻底、更干净了。

3. Windows XP的系统修复功能

当系统出现崩溃或者使用系统时出现一些莫名其妙的错误时，可以尝试使用Windows XP的系统修复功能，修复其中的系统错误以及更新系统文件。原来的系统设置和所安装的程序也不会改变。

（1）使用Windows XP系统修复功能时，重新启动计算机，将Windows XP系统安装光盘（注意：不是Ghost安装盘）放入光驱，屏幕就会显示提示信息"Press any key to boot from CD"（按任意键开始从光盘执行引导）时，按下任意键如"Enter"键。

（2）当屏幕显示"Windows XP Professional安装程序，欢迎使用安装程序"信息时，按下"Enter"键。需要注意的是，在这里不能按"R"键，如果按下"R"键，则会启动Windows XP系统的故障控制台修复程序。

（3）在出现的"Windows XP安装协议，Windows XP Professional最终用户安装协议"界面中，按下"F8"键，同意接受许可协议。

随之屏幕上将出现"Windows XP Professional安装程序，如果下列Windows XP安装中有一个损坏，安装程序可以尝试修复"的提示信息。在窗口下面的列表框中显示需要修复的Windows XP安装程序。如果有多个的话，使用上移和下移箭头使需要修复的系统处于高亮状态，最后按下"R"键。

（4）当屏幕显示"Windows XP Professional 安装程序，安装程序已经试图更新下列 Windows 安装"时，按下"Enter"键。

使用修复安装后的 Windows XP 操作系统，原先的系统设置、所安装的软件以及个人信息都不会改变。需要注意的是，使用 Windows XP 的修复安装功能，必须使用原来系统的 Windows XP 安装光盘，否则即便是能够成功修复系统，也不能够登录 Windows XP 系统。

二、Windows XP 启动故障排除

1. 使用最后一次的正确配置

尝试用最后一次正确配置来启动操作系统。该功能取消任何在注册表 CurrentControlSet 上做出的、导致问题的修改，这个键是定义硬件和驱动器设置的，具体方法如下：

重新启动计算机，适当时按"F8"键，屏幕上就会出现 Windows 高级选项菜单，从菜单中选择"最后一次的正确配置"选项，然后按"Enter"键。

2. 使用 Windows XP CD 启动系统

如果 Windows XP 启动问题比较严重，使用"最后一次的正确配置"无法解决问题，可以使用 Windows XP CD 启动系统，然后使用一个名为恢复控制台的工具，具体做法如下：

在故障计算机光驱中插入 Windows XP 安装光盘，重新启动计算机，一旦系统从 CD 上启动后，只要根据提示就能够很容易地加载启动所需要的基本文件。当看到"Welcome To Setup"界面的时候，按"R"键进入 Recovery Console。然后就会看到 Recovery Console 菜单。它显示了包含操作系统文件的文件夹，并提示选择打算登录的操作系统。需要在键盘上输入菜单上的序号，然后系统会提示输入管理员密码，就会进入主 Recovery Console 提示页面。常用的命令有 Bootcfg 和 Fixboot。

3. 恢复到上一个恢复点

能够帮助解决 Windows XP 启动问题的另一个工具是系统恢复。系统恢复作为一项服务在后台运行，并且持续监视重要系统组件的变化。当它发现一项改变即将发生，系统恢复会立即在变化发生之前，为这些重要组件作一个名为恢复点的备份拷贝，而且系统恢复缺省的设置是每 24 小时创建恢复点。具体方法如下：

重新启动计算机，适当时按"F8"键，屏幕上就会出现 Windows 高级选项菜单，在菜单中选择安全模式，然后按"Enter"键。当 Windows XP 进入安全模式之后，单击"开始"按钮，选择"所有程序/附件/系统工具"菜单，选择"系统恢复"，单击"下一步"，选择一个恢复点，启动恢复程序。

4. Ghost 恢复备份

如果不能修复有启动故障的 Windows XP 系统，但是有最近的备份，可以从备份介质上恢复系统。恢复系统所采用的方法取决于所使用的备份工具，所以需要根据备份工具的指示来恢复系统。

5. 进行 in-place（原状）升级

如果不能修复出现启动问题的 Windows XP 系统，而最近又没有备份，可以进行 in-place 升级。在同一个文件夹里重新安装操作系统，就好像从一个 Windows 版本升级到另一个 Windows 版本一样。in-place 升级如果不能解决所有的 Windows 启动问题，至少也能够解决其中绝大部分的问题。具体做法入下：

将 Windows XP CD 插入驱动器，从 CD 上重新启动系统。在初始准备完成后，会看到 Windows XP 安装屏，按"Enter"键进入 Windows XP 安装程序。很快，就会看到许可证协议页面，然后需要按"F8"键确认同意该协议。然后安装程序会搜索硬盘，寻找以前安装的 Windows XP。当它找到以前安装的 Windows XP，会看到屏幕上出现了第二个 Windows XP 安装界面。该界面会提示按"R"键进行修复，也可以按"Esc"键重新安装一个 Windows XP。在这种情况下,修复系统和进行 in-place 升级是一样的,所以只用按"R"键就可以进行修复了。选择了之后,安装程序将检查系统所在的磁盘,然后开始执行 in-place 升级。进行了 in-place 升级或者修复系统之后,必须重新安装所有的 Windows 更新。

6. Windows XP 常见启动故障排除

【故障一】更新一个设备的驱动程序后,Windows XP 无法启动

分析与处理:该故障显然是新安装的驱动程序存在问题,造成 Windows XP 无法启动。解决该故障的关键是用稳定可靠的驱动程序替换当前的驱动。重启进入安全模式,再从安全模式下删除或替换掉当前的驱动。

【故障二】Boot.ini 损坏

分析与处理:如果 Boot.ini 文件出了问题,Windows XP 系统就不能启动了。可以使用恢复控制台特殊版本的 Bootcfg 工具来修复它。进入 Recovery Console 界面后,在命令提示符后,输入 Bootcfg/[参数],主要参数如下:

/Add:扫描所有的 Windows 安装,帮助向 Boot.ini 文件中增加任何新的内容。

/Scan:搜索所有的 Windows 安装。

/List:列出 Boot.ini 文件的所有入口。

/Default:设缺省操作系统为主引导入口。

/Rebuild:完全重新创建 Boot.ini 文件。用户必须确认每个步骤。

/copy:备份 Windows XP 启动文件 Boot.ini。

【故障三】修复被破坏的分区引导记录

分析与处理:当分区引导记录被破坏,无法启动计算机时,也可以从 Windows XP 安装 CD 上运行故障恢复控制台,尝试修复错误。进入 Recovery Console 界面后,键入"Fixboot"命令,

按下"Enter"键,此时系统会将新的分区引导扇区写到系统分区中,从而修复启动问题。键入"Exit"命令,按下"Enter"键,退出"故障恢复控制台"并重新启动计算机。

【故障四】修复主引导扇区

分析与处理:如果怀疑 Windows XP 系统的启动问题是由主引导扇区被破坏了造成的,可以使用恢复控制台中的 Fixmbr 工具来修复它。首先进入 Recovery Console 界面,输入 Fixmbr [device_name]。[device_name] 是希望新的主引导扇区所在的设备的路径名,设备名称可从 map 命令的输出获得。例如,设备路径名按照标准可启动驱动器 C 盘进行格式化的命令是这样的:Fixmbr \ Device \ HardDisk0。

【故障五】禁用自动重启

分析与处理:如果 Windows XP 遇到一个致命错误,处理这种错误的缺省设置是自动重新启动系统。如果错误是在 Windows XP 启动过程中产生的,操作系统就会陷入重新启动的死循环——反复地重新启动,不能恢复正常。在这种情况下,需要禁用自动重启功能。具体做法是:重启系统,按"F8"键进入 Windows 高级选项菜单,然后选择"禁止在系统故障时自动重启",按"Enter"键。

【故障六】自动登录加设密码不能登录

故障现象:在 Windows XP 自动登录的系统中给 administrator 加密码后启动,启动时进入界面时极慢,到了"Windows 正在启动……"界面后就不动了。

分析与处理:重启系统,选择"安全模式"(按"F8"键),输入 administrator 用户的密码后进入 Windows XP 的界面,在"开始"/"运行"处输入 control userpasswords2,弹出用户账户界面,如图 6—1 所示,选中"要使用本机,用户必须输入用户名和密码"。重启后即出现多用户的登录界面,选择用户输入相应密码即可进入。

图 6—1 用户账户界面

如要设置为自动登录,在图 6—1 中选择一个用户,取消勾选"要使用本机,用户必须输入用户名和密码",确定后弹出一个给该用户输入密码的界面,如图 6—2 所示,在对话框中一定要输入密码,不然又会出现原来的故障。

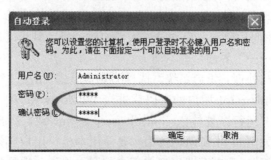

图 6—2 自动登录输入密码的界面

三、Windows XP 常见应用故障排除

【故障一】"我的电脑"等桌面主要图标丢失

分析与处理：如果发现桌面上只有一个"回收站"图标，而其他的系统图标如"我的电脑"等却没有了，采用如下操作找回：在桌面的空白处单击鼠标右键，在弹出的菜单中选择"属性"菜单项，打开显示属性对话框，选择对话框中的"桌面"选项卡，再单击"自定义桌面"按钮，打开"桌面项目"对话框，在"常规"选项卡中就有这几个系统图标，选择相应的复选框就可以了。

【故障二】任务栏音量图标丢失

分析与处理：Windows 任务栏系统托盘位于桌面的最右侧，其中包括常用的音量和输入法等重要的程序的控制图标。如果发现丢失了，首先打开"控制面板"窗口，选择"声音和音频设备"选项，打开声音和音频设备属性对话框，在音量选项卡的"设备音量"选项区域中选择"将音量图标放入任务栏"复选框即可。

【故障三】任务栏输入法图标丢失

分析与处理：打开"控制面板"窗口，选择"区域和语言选项"选项，接着选择"语言"选项卡，然后在"文字服务和输入语言"选项区域中单击"详细资料"按钮，打开"文字服务和输入语言"对话框，在"高级"选项卡的下方单击"语言栏"按钮，在打开的对话框中，选中"在桌面上显示语言栏"复选框即可。

【故障四】任务栏电源图标丢失

分析与处理：在桌面的空白处单击右键，在弹出的菜单中选择"属性"菜单项，打开"显示属性"对话框。选择对话框中的"屏幕保护程序"选项卡，然后在"监视器的电源"选项区域中单击"电源"按钮打开"电源选项属性"对话框，再选择"高级"选项卡，选择选项卡中的"总是在任务栏上显示图标"复选

框即可。

【故障五】找回桌面图标的透明效果

分析与处理：在"运行"中输入 gpedit.msc，打开组策略；在"用户配置→管理模板→桌面→Active Desktop"中，单击活动桌面属性选定"未被配置"，单击禁用活动桌面属性选定"已禁用"；最后打开控制面板，在经典视图中打开系统，在"性能→高级选项→性能→视觉效果"里选取"在桌面上为图标标签使用阴影"即可。

【故障六】系统中没有音量控制

分析与处理：Windows XP 系统没有音量控制，在控制面板中的声音和音频设备属性中，"将音量图标放入任务栏"选项为灰色，单击后说未安装音量控制组件。该故障为没有安装声卡驱动或者驱动程序不正确，此时只要正确安装声音和音频设备驱动，问题即可解决。如果有相同型号计算机，那么只要将正常计算机上 System32 文件夹下的 Sndvol32.exe 拷贝到故障计算机的 System32 目录下即可。

【故障七】找回"失踪"的系统文件

分析与处理：以管理员身份登录 Windows XP，将 Windows XP 的安装光盘放入光驱，在"命令提示符"窗口中键入"SFC/Scannow"命令，然后按下回车键，"系统文件检查器"开始自动扫描系统文件，而且不需要任何干预。不过想要正常运行它，还要注意以下问题：

（1）在运行"SFC"之前必须将 Windows XP 安装光盘放入光驱，否则在扫描过程中会提示插入安装光盘。即使插入了安装光盘，系统仍会有出错提示参数才能正常运行。

（2）在 Windows XP 下用"系统文件检查器"时，必须加入正确的参数才能正常运行。可以在"命令提示符"窗口中键入"SFC"命令查看这些参数。

（3）由于 Windows XP 下的"SFC"命令是完全自动执行

的，因此无法直接知道修复了哪些系统文件。不过可以通过以下方法间接获得系统文件的修复情况：依次打开"控制面板→管理工具→事件查看器→系统"，根据时间提示，从中选定"运行SFC"时的事件，右击该事件并查看其属性即可。

【故障八】恢复常见任务的超级链接

分析与处理：在常规情况下，在"我的电脑"窗口左侧的面板中会显示常见任务的超级链接，如果这些常见任务都不见了，可以使用"文件夹"选项启用该功能。在桌面上双击"我的电脑"图标，打开"我的电脑"窗口。依次在窗口菜单中选择"工具"→"文件夹选项"，打开"文件夹选项"对话框，在"常规"选项卡的"任务"选项区域中选择"在文件夹中显示常见任务"单选项，然后单击"确定"按钮。就可在窗口左侧面板中看见常见任务的超级链接内容。

【故障九】找回 Windows XP 任务窗格

分析与处理：如果 Windows XP 文件夹窗口左边的任务窗格不见了。要重新显示文件夹旁边的任务窗格，可在"我的电脑"上单击鼠标右键，选择"属性"，在"高级"选项卡的"性能"一项中单击"设置"，选取"视觉效果"中的"自定义"，然后在下面的列表中勾选"在文件夹中使用常见任务"即可。

【故障十】任务栏管理器被禁用

分析与处理：在 Windows XP 操作系统中，用"Ctrl＋Alt＋Del"组合键想调出"任务管理器"时，系统就会提示"任务管理器已被系统管理员禁用"。这是由于任务管理器被管理员或恶意代码禁用造成的，可通过组策略进行恢复：在"运行"中键入"gpedit.msc"，启动"组策略"编辑器。在"本地策略"中依次展开"用户配置→管理模板→系统→Ctrl＋Alt＋Del 选项"分支，在右侧窗口中双击"删除任务管理器"策略，在弹出的策略设置对话框中选择"未配置"选项，单击"确定"以后，按"Ctrl＋Alt＋Del"组合键就可以调出"任务栏管理器"了。

【故障十一】处理"系统资源不足"

分析与处理：造成"系统资源不足"的因素是多样的，可针对具体情况做具体处理。

（1）清除"剪贴板"。当"剪贴板"中存放的是一幅图画或大段文本时，会占用较多内存。请清除"剪贴板"中的内容，释放它占用的系统资源。

操作方法：依次选择"开始→运行"，在"运行"对话框中输入"Clipbrd.exe"，打开"剪切板查看器"窗口，然后再依次选择窗口菜单中的"编辑→删除"即可。

（2）减少自动运行的程序。如果在启动 Windows 时自动运行的程序太多，那么即使重新启动计算机，也将没有足够的系统资源用于运行其他程序。不启动过多程序方法：

第一步：在"运行"对话框中键入"Msconfig"，单击"确定"按钮，打开"系统配置实用程序"对话框，选择"启动"选卡，清除不需要自启动的程序前的复选框。

第二步：在"运行"对话框中键入"Sysedit"，单击"确定"按钮，打开"系统配置编辑器"窗口，删除"Autoexec.bat""wln.ini"和"Config.sys"文件中不必要的自启动的程序行，然后重新启动计算机。

（3）设置虚拟内存。虚拟内存不足也会造成系统运行错误，虚拟内存一般设置成实际内存的 1.5～2 倍。可以在"系统属性"对话框中手动配置虚拟内存，把虚拟内存的默认位置转到可用空间大的其他磁盘分区。

（4）应用程序存在 Bug 或毁坏。有些应用程序设计上存在 Bug 或者已被毁坏，运行时就可能与 Windows 发生冲突或争夺资源，造成系统资源不足。

解决方法有二：一是升级问题软件；二是将此软件卸载，安装其他同类软件。

四、Windows 7 启动故障排除

1. Windows 7 的启动过程

(1) 加载 MBR。

(2) 查找活动分区。

(3) 读取活动分区 PBR。

(4) 根据 PBR 记录查找 BOOTMGR。

(5) BOOTMGR 读取 \ boot \ bcd 文件。

(6) 根据 bcd 记录列出操作系统启动菜单。

(7) 加载 Winload.exe，Win 7 内核，硬件和服务。

(8) 加载桌面并等待用户操作。

2. Windows 7 的启动故障

(1) 找不到活动分区。Windows 7 会分出 200 MB 左右的系统保留分区，用于存放操作系统必需的启动文件，这个分区就是活动分区。如果这个分区的属性被改变，启动时会出现找不到活动分区的故障，此时可用 diskgenius "激活当前分区"。

(2) 活动分区引导记录被改变。Windows 7 系统分区的引导记录是 NT60 格式，它查找 bootmgr，然后启动系统。如果引导记录被更改为 NT52，启动后会去加载 NTLDR（2000/XP），但 Win 7 系统分区中又没有该文件，于是就提示 "NTLDR is missing"。一般，XP 用户使用 Ghost 安装 Windows 7，会出现这种情况。

用 Windows 7 安装光盘启动，在命令提示符下输入 x:\boot\boootsect/nt60 c:/mbr（x 为光驱盘符），当提示 "boot code was successfully updated on all targeted volumes" 时表示修复成功。

(3) bootmgr 文件丢失。引导时出现 "bootmgr is missing"。用 Windows 7 安装盘启动，然后把光盘中的 bootmgr 文件及 Boot 文件夹拷贝至 C 盘根目录即可；有些可能是因为磁盘有问题，光盘启动后运行 chkdsk/f。

(4) 启动菜单 bcd 文件丢失（C:\boot\目录下的 BCD 文件丢失）。

第一种方法：查看系统盘 boot 文件夹里有没有 bcd.backup 文件，如果有将该文件重命名为 bcd（无扩展名），重启，正常启动，修复完毕。

第二种方法：用光盘启动，然后重建 bcd 文件。

bcdedit/createstore c:\bcd

bcdedit/creat{bootmgr}/d "Boot Manager"

bcdedit/set{bootmgr}device boot

bcdedit/set{bootmgr}locale zh-CN

bcdedit/create/d "Windows 7"-application osloader

执行后，屏幕返回一个 GUID 值，替换下列命令中的 *

bcdedit/set{ * }osdevice partition=C：

bcdedit/set{ * }device partition-c：

bcdedit/set{ * }path\windows\system32\winload.exe

bcdedit/set{ * }systemroot\windows

bcdedit/disaplayorder{ * }-addlast

(5) BCD 配置文件错误。可显示操作系统选择菜单，但选择后出现找不到 xx 文件。出现此故障时可使用硬盘引导区修复工具 bootice.exe 来编辑 BCD。

BCD 编辑→系统 BCD→查看/修改

启动磁盘：当前磁盘

启动分区：C

菜单标题：windows 7

启动文件：\ windows \ system \ winload.exe

启动路径：\ windows

启动语言：zh-CN

最后，保存当前系统设置、保存全局设置即可。

(6) 系统内核出错（蓝屏）。出现蓝屏可在启动时按"F8"

键进入安全模式去处理。

五、Windows 7 常见应用故障排除

【故障一】按"Win"键+E 打不开资源管理器

分析与处理：此故障基本上是由于优化软件修改了 Windows 7 注册表中一些重要的项目，导致 Windows 7 调用该项目时数据异常而出错。在 Windows 7 系统中单击菜单"开始/运行"，输入"regedit"，然后按"Enter"键打开注册表，定位到 HKEY_CLASSES_ROOT \ Folder \ shell \ explore \ command，双击右边窗口中的 DelegateExecute 项（如果没有该项就新建一个，类型为字符串值），在弹出的对话框中输入该项数值（例如，11dbb47c-a525-400b-9e80-a54615a090c0），重新启动后故障即可排除。

【故障二】U 盘退出后无法再次使用

故障现象：在 Windows 7 中将 U 盘插入计算机，系统能正确识别并使用，但是选择退出 U 盘后，再次插入 U 盘时，系统却无法识别了，只能重启系统才能再次识别 U 盘。

分析与处理：进入 Windows 7 系统桌面，右击"计算机"选择"属性"，在弹出的属性窗口中单击左上角的"设备管理器"，弹出"设备管理器"窗口，单击展开"通用串行总线控制器"，出现很多排"USB Root Hub"设备列表（见图 6—3），对每个"USB Root Hub"，选择"禁用"菜单，然后再启用，这样就能启用了。

【故障三】某些 DVD 光驱无法使用

分析与处理：由于一些 DVD 光驱与 Windows 7 不兼容，Windows 7 无法识别它们。建议使用 bcdedit 命令解决此类问题，方法是在 Windows 7 中依次单击菜单"开始/所有程序/附件"，右击"命令提示符"，在弹出的菜单中选择"以管理员身份运行"，随之弹出命令提示符窗口，在提示符下输入"bcdedit/set loadoptions DDISABLE_INTEGRITY_CHECKS"命令

图 6—3 设备管理器

即可。

【故障四】Windows 7 系统播放网页视频没声音

分析与处理：本地播放器听歌看电影声音正常，但是它播放土豆网、优酷等网站的在线视频时却没有声音。在"运行"中输入"regedit"，打开注册表编辑器，如图 6—4 所示，在左侧依次单击"HKEY_LOCAL_MACHINE \ SOFTWARE \ Microsoft \ WindowsNT \ CurrentVersion \ Drivers32"，然后在右侧窗格中检查有没有"wavemapper"值。如果没有，就在右侧窗格空白处单击鼠标右键，新建一个名为"wavemapper"的字符串值，设置该值为"msacm32.drv"，重新启动计算机即可解决问题。

【故障五】Windows 7 命令提示符环境下 DOS 命令失效

故障现象：Windows 7 在进入命令提示符状态后，不管执行什么 DOS 命令都提示："＊＊不是内部或外部命令，也不是可运行的程序或批处理文件"。

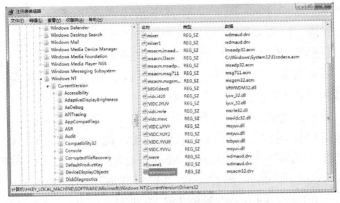

图 6—4 注册表编辑器

分析与处理：这种现象是由于某些软件修改了 PATH 的值，把真正的系统文件地址给删除掉。鼠标右键单击"我的电脑→属性→高级系统设置→环境变量"，在 PATH 的值里面加上"%SystemRoot%\System32;%SystemRoot%"，这样问题就解决了。

第二模块　应用软件故障排除

一、办公软件故障排除

1. 办公软件常见故障排除

【故障一】Office 让系统变慢

故障现象：安装完 Office 2000 之后，运行程序或重启后，计算机运行速度很慢，等待一段时间后，速度恢复正常。

分析与处理：出现这种问题多是由安装的"Microsoft Office 文件检索"引起的，通过修改注册表可以解决此问题。退出所有程序，在运行窗口中输入"regedit"，打开注册表编辑器，找到［HKEY_LOCAL_MACHINE\Software\Microsoft\

Office \ 9.0 \ Find Fast],在其下新建"双字节值"的 Slow-Down 键,键值应设置为大于 1 000 的十进制数,如 2 000。

【故障二】Office 2003 打开网络文件时出现问题

故障现象:从网络中打开某文件时,Office 程序可能会运行得很慢,甚至出现"假死"状态。

分析与处理:一般这种情况是因为打开文件时,网络突然断开或文件被删除。打开注册表编辑器,找到[HKEY_CURRENT_USER \ Software \ Microsoft \ Office \ 11.0 \ Common \ Open Find],新建一个"双字节值"键,键名为"EnableShellDataCaching",键值为"1"即可。

【故障三】Word 2003 不停显示~＄Normal.dot

故障现象:即使已经正常关闭 Word,再次打开时,仍会自动打开~＄Normal.dot。

分析与处理:这多是由于在修改 Normal.dot 时,Word 异常退出所致。解决的方法进入"C:\ Documents and Settings \ 用户名 \ Application Data \ Microsoft \ Templates"目录,删除~＄Normal.dot 即可。

【故障四】Excel 2003 无法排序

故障现象:Excel 2003 无法对工作表中某区域进行排序,并出现"This operation requires the merged cells to be identically sized"的错误提示。

分析与处理:出现这个问题是由于该区域中的单元格有些已被合并,或是合并后的大小都不相同,Excel 无法正确地判断出如何排序。因此,要解决此问题只要将该区域内的所有单元格拆分,或是合并为大小相同的单元格即可。

【故障五】打开损坏的 Word 文件

故障现象:在 Word 中,在菜单栏单击"文件→打开"命令,弹出"打开"对话框。

分析与处理:在"打开"对话框中选择已经损坏的文件,从

"文件类型"列表框中选择"从任意文件中恢复文本（*.*）"项，然后单击"打开"按钮，就可以打开这个选定的被损坏文件。

【故障六】Word中宏的使用不当引发故障

故障现象：在试图打开以前使用Word编辑的一个文档时，总是弹出一个警告窗口，提示"隐含模块中的编译错误：AUTOEXEC"。

分析与处理：这是由于宏的使用不当所导致的故障。在Word中在菜单栏单击"工具→宏"命令，打开"宏"对话框，选中名为AUTOEXEC的宏，然后单击"删除"按钮，将这个导致故障的宏删除。

【故障七】在Word中打印图形和表格时没有输出边框

故障现象：使用Word 2003进行文档编辑，文档中的图形和表格的边框在打印预览时显示正常，但是真正使用打印机打印时，却发现图形和表格的边框没有打印出来。

分析与处理：在Word中，在菜单栏单击"工具→选项"命令，打开"选项"对话框。切换到"打印"选项卡，在"打印选项"选区中消除对"草稿输出"复选框的选择，在"打印文档的附加信息"选区中选中"图形对象"复选框，单击"确定"按钮，完成设置。

【故障八】在Word中无法进行正确的纸张设置

故障现象：使用Word 2003进行文档编辑工作，发现在打印时总出现异常情况。

分析与处理：自定义纸张大小，然后根据国内的16开纸张的实际大小进行设置，故障就可以排除。

【故障九】Word中编辑的文档无法正确打印

故障现象：文档在编辑过程中都可以正常显示，但是打印出来总是一张白纸。

分析与处理：经过检查，发现故障计算机的Word系统设置了蓝底白字功能。在编辑时无法发现任何异常（因为是蓝色背景），但是在打印时，白纸上面是无法显示白字的，因此也就导致了故障现象的发生。将字体颜色改成其他颜色，例如黑色，故障即可排除。

【故障十】在 Word 中的表格里键入文字时列宽发生变化

故障现象：在使用 Word 时，有时表格会随着输入的文字发生变化。

分析与处理：在文档中选中表格，再在菜单栏单击"表格→表格属性"命令，打开"表格属性"对话框；在"表格属性"对话框中，切换到"表格"选项卡，然后单击"选项"按钮，在打开的"表格选项"对话框中，清除对复选框"自动重调尺寸以适应内容"的选择；单击"确定"按钮。

【故障十一】Word 中插入的图片显示不全

故障现象：向正在编辑的 Word 文档中插入一个图形时，插入的图形只显示了一部分。

分析与处理：选定该图形，在菜单栏单击"格式→段落"命令，打开"段落"对话框；在"段落"对话框中，切换到"缩进和间距"选项卡，在"行距"框中选中"单倍行距"；单击"确定"按钮。

【故障十二】在 Word 中打印文档提示"文档字体错误"

故障现象：Windows XP 系统，使用 Word 2003 进行文档编辑。在打印文档时程序提示"文档字体错误"。

分析与处理：出现这种情况可能是因为计算机或者打印机无法识别文档所使用的字体，只需将不能识别的字体更改为 Word 标准字体即可。在 Word 菜单栏单击"工具→选项"命令，打开"选项"对话框；切换到"兼容性"选项卡，然后单击"字体替换"按钮，在"文档所缺字体"框中单击所缺少的字体名称，在"替代字体"框中单击另一种字体进行替换；单击"确定"按钮，完成设置。

【故障十三】Word 中的直引号总是被错误地替换为弯引号

故障现象：在使用 Word 时发现，键入的直引号总是被 Word 自动地替换成为弯引号。

分析与处理：输入的半角直引号自动替换成为弯引号是 Word 的一项自动替换功能，如果不需要这个功能，可以将其关闭。在菜单栏单击"工具→自动更正选项"命令，打开"自动更正"对话框；在"自动更正"对话框中，切换到"键入时自动套用格式"选项卡，清除对复选框"直引号替换为弯引号"的选择；单击"确定"按钮，完成设置。

【故障十四】Word 中网址与邮件地址总是自动转换成超级链接

故障现象：在使用 Word 时，输入的网址或者电子邮件地址总是自动转换成超级链接。

分析与处理：默认情况下，Word 会自动把输入的网址或者电子邮件地址转换成超链接格式，通过程序设置可以禁用此功能。在菜单栏单击"工具→自动更正"命令，打开"自动更正"对话框；在"自动更正"对话框中，打开"键入时自动套用格式"选项卡，取消选中"键入时自动替换"选区中的"Internet 及网络路径替换为超链接"复选框；单击"确定"按钮。

2. 修复 Office 文档工具软件

常用的修复办公软件故障的工具软件有 OfficeFIX、EasyRecovery、OfficeRecovery 等。

（1）利用 OfficeFIX 修复损坏的 Office 文档，OfficeFIX 可以修复损坏的 Excel、Access 和 Word 文档。但是并不是一定可以修复成功，因此，修复前要及时备份重要的文档。

（2）利用 EasyRecovery 修复损坏的 Office 文档。EasyRecovery 是一款强有力的数据恢复工具软件，不但能够恢复被误删除的用户数据，而且可以修复损坏的 Office 文档。

（3）利用 OfficeRecovery 修复损坏的 Office 文档。Office-

Recovery 是一款强有力的 Office 文档修复软件，可以修复 Word、Excel、PowerPoint、Access、Outlook、Outlook Express、Publisher 等多种文档，而且使用十分简单。

二、计算机维修常见工具软件

计算机维修常见工具软件一般有硬盘工具软件、数据恢复软件、BIOS 软件、系统安装软件、病毒安全软件、计算机优化软件、诊断测试软件等。

1. 硬盘维修工具

（1）DM（Disk Management 的简称）是一款很小巧的 DOS 工具。格式化硬盘时，原来保存的数据将全部丢失，所以只有当硬盘出现大量的物理坏道，才用 DM 软件进行低级格式化，或者格式化前，做好重要文件的备份工作。DM 最显著的特点就是分区速度快，可以运行多种分区格式。

（2）FDISK 程序是 DOS 和 Windows 系统自带的分区软件，分区十分安全，但对大于 120 GB 以上的硬盘进行分区操作时，速度可能会比较慢。

（3）MHDD 是俄罗斯 Maysoft 公司出品的专业硬盘工具软件，比其他的磁盘维修软件功能更强大。MHDD 可以访问 128 GB 的超大容量硬盘，无须 BIOS 支持，也无须任何中断支持。

（4）PowerQuest Partition Magic 硬盘分区管理工具是目前硬盘分区管理工具中最好的，它可以在不损失硬盘中原有数据的前提下对硬盘进行重新设置分区、分区格式化以及复制、格式转换和更改硬盘分区大小、隐藏硬盘分区以及多操作系统启动设置等操作。

（5）Partition Magic 分区魔术师，该款软件全部是英文界面，对于那些英文水平不高的维修人员来说，一般不会选择。

2. 数据恢复软件

（1）Easy Recovery 是一款硬盘数据恢复工具，能够恢复丢失的数据以及重建文件系统，主要体现在可以从被病毒破坏或是已经格式化的硬盘中恢复数据。Easy Recovery 在使用过程中不会在原始的驱动器中写入任何东西，主要是在内存中重建文件分区表，使数据能够安全地传输到其他驱动器中。

（2）FinalData 是一款全球领先的灾难数据恢复工具，以其强大、快速的恢复功能和简便易用的操作界面成为 IT 专业人士的首选工具。在文件被误删除（并从回收站中清除）、FAT 表或者磁盘根区被病毒侵蚀造成文件信息全部丢失、物理故障造成 FAT 表或者磁盘根区不可读以及磁盘格式化造成的全部文件信息丢失之后，FinalData 都能够通过直接扫描目标磁盘，抽取并恢复出文件信息（包括文件名、文件类型、原始位置、创建日期、删除日期、文件长度等），用户可以根据这些信息方便地查找和恢复自己需要的文件。

（3）易我数据恢复向导是国内自主研发的数据恢复软件，是一款功能强大并且性价比非常高的数据恢复软件。该软件在 Windows 操作系统下，提供 FAT12/FAT16/FAT32/VFAT/NTFS/NTFS5 分区的数据恢复，支持 IDE/ATA、SATA、SCSI、USB、IEEE1394 类的硬盘或闪盘、软盘、数码相机、数码摄像机和 USB 类的存储盘，具有删除恢复、格式化恢复、高级恢复等非常强大的功能，可以针对不同情况的数据丢失来进行数据恢复。该软件能非常有效地恢复删除或丢失的文件、恢复格式化的分区以及恢复分区异常导致丢失的文件。

3. BIOS 软件

BIOS 软件主要有清除 BIOS 密码工具、升级 BIOS 工具等，如 FlashBIOS，它是在 Windows 98/2000/XP/2003 下唯一可以清除 BIOS 密码的工具，使用时 FlashBIOS 对应相应的操作系统类型，如 FlashBIOSXP，在 Windows XP 下清除 BIOS 密码。

4. 系统安装软件

（1）原装光盘安装具有稳定、可靠的特点。

（2）Ghost 盘安装速度快，完全自动化安装，注意区分将 ISO 镜像复制到 Disk（整个硬盘）。

（3）U 盘启动盘安装使用 U 盘大师快速将 U 盘制作成启动 U 盘，利用启动 U 盘进入 WinPE 系统后，就可以对计算机进行各种操作。

5. 病毒安全软件

查杀病毒的软件有很多种，常用的有金山毒霸、卡巴斯基、360 杀毒软件等。

6. 计算机优化软件

常见计算机优化工具有 Windows 优化大师、超级兔子等。

7. 诊断测试软件

诊断测试软件包括 CPU 测试、内存测试、声卡测试、显卡测试和硬盘测试等，如 Everest ultimate 是一个测试软硬件系统信息的工具，可以详细地显示出计算机每个方面的信息，支持上千种（3400＋）主板，支持上百种（360＋）显卡，支持对并口/串口/USB 等 PNP 设备的检测，可进行对各式各样的处理器的侦测。

第七单元　网络常见故障排除

家庭或小型网络的技术类型主要为无线网络和有线的以太网，本单元主要讲述小型网络的硬件要求、Windows 7 的网络连接设置、网络基本测试工具的使用以及常见网络故障的排除。

第一模块　Windows 7 网络连接

一、小型网络的网络技术与硬件要求

1. 网络技术

最常见的网络技术类型包括无线网、以太网等。在选择网络技术时，请考虑计算机所在的位置和所需的网络速度。

2. 硬件要求

家庭或小型网络中所使用的硬件主要有以下几种：

（1）网络适配器（网卡）。网络适配器将计算机连接到网络以便进行通信。网络适配器可以安装在计算机内部某个可用的外围组件互连（PCI）扩展槽中，也可以连接到计算机上的 USB 接口。

（2）路由器和访问点。路由器将计算机和网络相互连接（例如，路由器可将家庭网等小型网络连接到 Internet）。路由器可以使多台计算机共享单个 Internet 连接。路由器可以是有线或无线的。

（3）调制解调器。计算机通过通信线路来发送和接收信息，还需要调制解调器。调制解调器一般由网络供应商提供，有些调

制解调器还组合有路由器的功能。

常见网络类型所需要的硬件见表7—1。

表7—1　　　　常见网络类型所需要的硬件

技术	硬件	说明
无线网络	无线网络适配器	网络中每台计算机1个（便携式计算机几乎全部内置无线网络适配器）
	无线路由器或访问点	1个
有线网络	以太网网络适配器	网络中每台计算机1个（大多数计算机都内置以太网网络适配器）
	以太网路由器	1个（如果路由器没有足够的端口用于所有计算机，则还需要一个集线器或交换机）
	以太网电缆	每台连接到网络的计算机各1根

二、Windows 7 网络连接设置

1. 连接模型为"ADSL MODEM——路由器——计算机"的连接设置

（1）如图7—1所示，在控制面板→网络和共享中心设定好当前的网络类型即可（一般选择工作网络），IP地址如非特殊需要就不用设置（有些场合会制定固定IP地址和DNS），路由器会自动为计算机分配运行时IP地址（一般都是内网地址）。

（2）为路由器配置ADSL的自动拨号功能，方法是：加电启动路由器，打开浏览器，在地址栏输入路由器的IP地址并回车（一般是192.168.1.1，或者是192.168.0.1，可以在运行窗口中输入CMD，然后输入ipconfig查看网关的IP地址，见图7—2），会弹出登录窗口，输入路由器的登录账号和密码（一般都是admin），一般家用或小型路由器管理界面如图7—3所示。

（3）运行设置向导设置路由器（连接类型选PPOE，输入运营商提供的账号、密码，如果是无线路由，还要进行无线设置

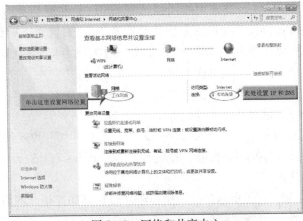

图 7—1　网络和共享中心

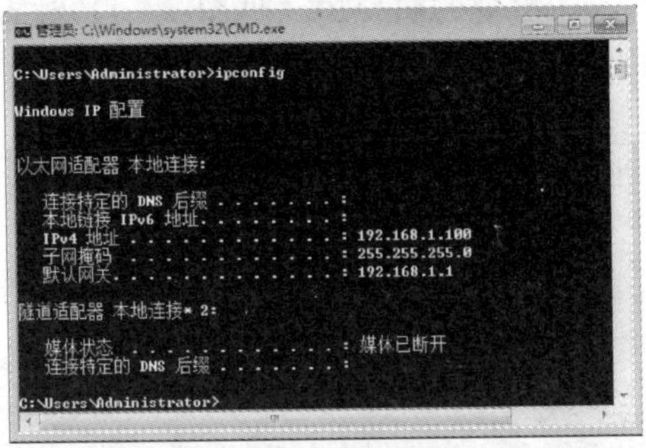

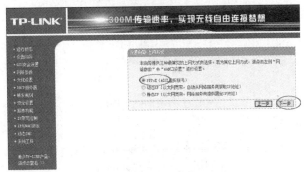

图 7—2　输入 ipconfig 查看网关的 IP 地址

图 7—3　家用路由器管理界面

（包含基本设置：设置无线网络标识 SSID 号和开启无线功能；安全设置：设置某种加密方法并设置密码），设置完成后保存设置。这样路由器和 ADSL MODEM 一通电就会自动控制 ADSL 登录网络，无须手动再次干预。

（4）设置完毕，只要确认路由器可以正常连通网络，那么 Windows 7 这边基本无须设置了。

2. 连接模型为"ADSL MODEM——计算机"的连接设置

如果没有使用路由器，就需要在 Windows 7 上进行 PPPoE 的拨号设置。

在如图 7—1 所示的界面中单击"设置新的连接或网络"，然后选择第一项"连接到 Internet"，单击"下一步"，选择"宽带 PPPoE 连接"，在出现的窗口中（见图 7—4）输入用户名、密码，确定连接名称，最后单击"连接"即可。

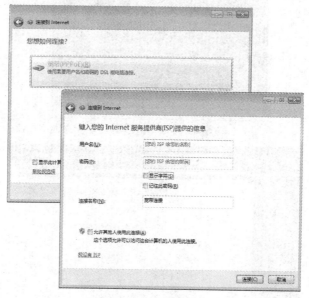

图 7—4 连接到 Internet

笔记本等都是带无线网卡和有线网卡的，如果使用无线网卡也是在这里设置选择无线（W）就可以设置为无线连接，配置方法类似。

第二模块　网络连接故障排除

一、网络测试工具

运行下列网络测试工具，可以在运行中输入"CMD"，进入MS-DOS提示符状态，输入测试命令。想要查看测试命令的参数，可以在命令后输入"/?"参数来查看。

1. IP测试工具Ping

Ping命令的使用格式：Ping通被测试计算机的IP地址[参数1][参数2]……

常用参数有：

/a：解析主机地址。

/n：发出的测试包的个数，缺省值为4。

/t：继续执行Ping命令，直到用户按Ctrl+C组合键终止。

假如要检测的计算机IP地址为192.168.1.100，测试结果如图7—5所示。

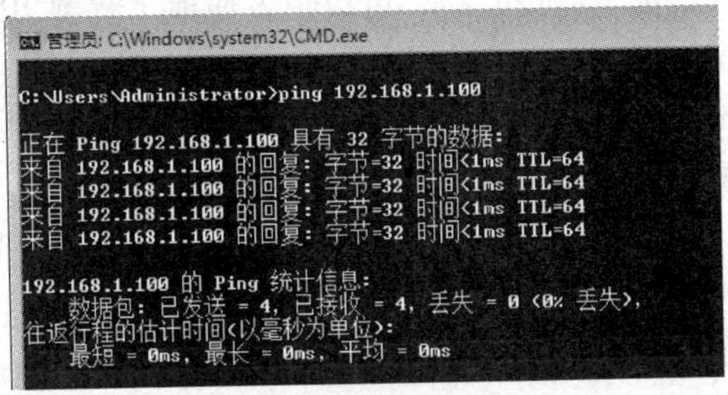

图7—5　Ping测试IP结果

图7—5中返回了4个测试数据包,其中"字节=32"表示测试中发送的数据包的大小是32个字节,时间小于1 ms表示与对方主机往返一次所用的时间小于1 ms,"TTL=64"表示当前测试使用的TTL(time to live)值为64。

如果不正确的话,则会显示如下信息:
Pinging 192.168.1.100 with 32 bytes of data:
Request timed out.
……

出现上述状况时一般注意以下情况:
(1)检查本机或被测试的计算机的网卡显示灯是否亮,以此来判断是否已经连入整个网络。
(2)检查是否已经安装了TCP/IP协议。
(3)检查网卡是否安装正确,IP地址是否被其他用户占用。
(4)检查网卡的I/O地址、IRQ值和DMA值是否与其他设备发生冲突。

如果还是无法解决,建议用户重新安装和配置TCP/IP协议。

2. 测试TCP/IP协议配置工具ipconfig

ipconfig可以查看和修改网络中的TCP/IP协议的有关配置,例如IP地址、子卡掩码、网关等,当的网络设置DHCP(动态IP地址配置协议)时,可以很方便地了解到IP地址的实际配置情况。

ipconfig的命令格式是:ipconfig [参数1] [参数2] ……
常用的参数是:
/all:显示与TCP/IP协议的细节,如主机名、节点类型、网卡的物理地址、默认网关等。
/Batch [文本文件名]:将测试的结果存入指定的文本文件名中。

假如被检测的计算机IP地址为192.168.1.100,运行结果如图 7—2 所示。

二、网络故障排除方法

当网络遭遇故障时,最主要的任务是迅速排查出故障所在,找到故障发生的原因。

网络故障诊断以网络原理、网络配置和网络运行的知识为基础,从故障的实际现象出发,以网络诊断工具为手段获取诊断信息,逐步确定网络故障点,查找问题的根源,排除故障,恢复网络的正常运行。

常见的网络排障思路如下:

第一步:清楚故障现象

首先要清楚故障现象,应该详细了解故障的症状和潜在的原因。

第二步:确定可能导致故障的原因

可以根据有关情况排除某些故障原因。例如,根据某些信息可以排除硬件故障,从而把注意力放在软件上。

第三步:排除故障

每一次排除都要确认结果,确定问题是否解决,如果没有解决,必须继续依序排查,直到故障症状消失。

三、Windows 7 网络连接故障排除

在"网络和共享中心"中,Windows 7 还具备网络和 Internet 故障排除工具,可测试网络问题,如适用,它还能自动修复软件连接。以下以无线网络连接故障为例说明 Windows 7 网络连接故障的排除。

1. 将计算机移到路由器附近,如果无线连接确实能正常工作,可以移动计算机,以确定无线网络正常接收范围。

2. 如果在计算机和路由器位于同一房间的情况下测试失败,则运行"Windows 网络诊断工具"。打开"网络和共享中心",在"网络和共享中心"中,单击黄色的"惊叹号"或网络状态区的红色"X"号,运行 Windows 网络诊断工具;或者在"网络和共享中心"中,单击"疑难解答",打开"网络和 Internet"窗口,如图 7—6 所示。

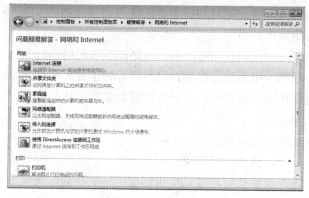

图 7—6　问题疑难解答

(1) 单击"Internet 连接",测试 Internet 连接。
(2) 按照屏幕上的指示查找问题。
(3) 如果问题已经解决,则操作完成。
(4) 如果问题仍然存在,返回到"网络和 Internet"窗口,然后单击"网络适配器",测试网络适配器。

3. 如果问题仍未解决,则尝试以下步骤,使故障排除工具重新设置所有连接值。

(1) 在"网络和共享中心"窗口内,单击"设置新的连接或网络"。

(2) 在"选择一个连接选项"窗口中,选择"手动连接到无线网络"(见图 7—7),然后单击"下一步"。

(3) 输入所需的无线网络信息(网络名、无线路由器中设置的安全类型、加密类型、安全密钥、选择"自动启动此连接"、选择"即使网络未进行广播也连接",见图 7—8),然后单击"下一步"。注意:如果无线网络名已存在,按照提示选择"使用现有网络",刚才输入的信息才会替换之前的值。

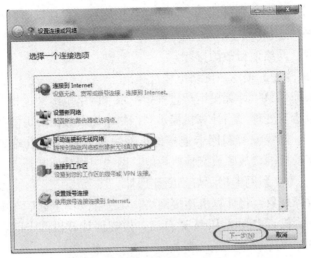

图 7—7 选择手动连接到无线网络

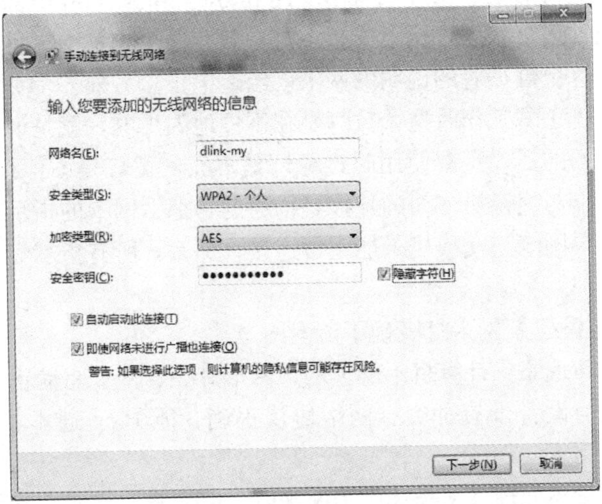

图 7—8 手动连接到无线网络

(4) 单击"关闭"按钮,成功添加网络。

(5) 单击通知区域的"网络连接"图标,选择网络名称,然后单击"连接"。

四、网络设备故障排除

【故障一】提示"网络电缆被拔出"

故障现象:计算机运行过程中提示"网络电缆被拔出"。

分析与处理:当计算机提示"网络电缆被拔出"可能产生的情况有:网线没有和网卡连接好;网线没有和访问点端口连接好;交换机端口故障或交换机掉电;网线中间某处断开。

【故障二】网卡指示灯判断连通性

故障现象:将计算机连接网络,无法在"网上邻居"中看到其他计算机,也无法 Ping 通自己,检查该计算机网卡时,LED 指示灯熄灭。

分析与处理:在使用网卡指示灯判断连通性时,一定要注意先将交换机的电源打开或将网线连上访问点端口,并确保交换机处于正常运行状态。网卡的指示灯一般有两个,其中绿色的是电源灯,这个灯亮着的说明的网卡已经通电了,另外一个黄色灯是信号灯,正常工作时这个黄灯是在不停地闪烁的,就是说如果网卡是好的的话,正常使用时,绿灯是常亮,黄灯是不停地闪烁。只要网卡与交换机之间的连接是畅通的,那么网卡的指示灯应该亮;如果网卡与交换机未能正常连接,那么,所有指示灯均应熄灭。

【故障三】网卡灯亮确不能上网

故障现象:计算机不能上网、网卡灯亮、网卡驱动正常、网卡与任何设备没有冲突、网络协议正确、能 Ping 通本机 IP 地址。

分析与处理:从描述的情况来看,网卡和协议安装都没有什么问题,故障原因可能出现在网线上。网卡灯亮并不能代表网络连接没有问题,有时双绞线中某条线断后网卡的灯也亮,但是,网络却是不通的。建议使用网线测试仪检查故障计算机的网线，如果网线正常，试验能否 Ping 通其他计算机，如果不能 Ping 通，更换交换机端口再试。仍然不通，则怀疑网卡接口发生故障，建议更换。

【故障四】计算机上网速度特别慢

故障现象：计算机能上网，但速度很慢。

分析与处理：导致网速慢的原因可能有软件和硬件两方面。

第一，计算机中毒。由于病毒会发送大量的数据报文，占用了网络带宽，可能会导致整个局域网的网速慢。建议立即拔掉网线，对计算机进行病毒查杀、升级防病毒软件或防火墙等。

第二，网卡故障。当网卡发生故障时，也会向网络内发送大量广播包，从而导致广播风暴，影响计算机的运行速度，严重时会导致网络拥塞。建议立即拔掉网线，并更新网卡。

【故障五】网络连接通畅，但上不了网

故障现象：网线连接正常，但上不了网。

分析与处理：第一，查看网络设置是否正确，包括 IP、网关、子网掩码、DNS 等设置；第二，检查网页地址栏中输入的网址是否正确；第三，检查网卡驱动程序是否正确安装，输入 cmd，进入 DOS 界面，再输入 Ping 127.0.0.1（127.0.0.1 是本机回送地址，如果它回应正常，则说明本机 TCP/IP 协议安装正常），如果响应为：Reply from 127.0.0.1：bytes=32 time<1 ms TTL=64，则表示正确安装了驱动程序。如果响应为：Request timed out，则表示没有正确安装驱动程序。

【故障六】传输上百兆数据时出现"网络资源不足"的提示

故障现象：计算机接入局域网，当与其他的计算机传输几十兆的数据时没有任何问题，但达到上百兆时，过一会儿就会出现"网络资源不足"的提示。

分析与处理：网络故障一般不外乎是网卡有问题、水晶头不规范、网线有问题、网卡驱动或网络协议有问题等。但由于该计算机可以进行数据传输,从而可以判定问题应该出在环境因素上,比如网卡附近有干扰等。可能是网卡离显卡太近,而显卡风扇频繁转动会影响到网卡,把网卡拔下来,插到离显卡较远的一个插槽上,问题得到解决。

【故障七】网卡频繁丢失

故障现象:计算机突然显示网络电缆没插好,可显卡是正常插好的,而且网卡 LED 指示灯还是亮的,先在"网络连接"中停用设备,然后再重新启用,就又可以上网了,可是,过一会儿后又出现同样的问题。

分析与处理:通常情况下,网卡丢失后,可以通过更换插槽的方式重新安装,这样既可以重新安装驱动程序,又可以避免由于接触不良而导致故障。更换网卡插槽,重新安装驱动,计算机即可恢复正常。

五、浏览器故障排除

【故障一】发送错误报告

故障现象:在使用 IE 浏览网页的过程中,出现"Microsoft Internet Explorer 遇到问题需要关闭……"的信息提示。此时,如果单击"发送错误报告"按钮,则会创建错误报告;单击"关闭"按钮之后会引起当前 IE 窗口关闭;如果单击"不发送"按钮,则会关闭所有 IE 窗口。

分析与处理:针对不同情况,可分别用以下方法关闭 IE 发送错误报告功能。

如果是 Windows XP 系统,执行"控制面板→系统",切换到"高级"选项卡,单击"错误报告"按钮,选中"禁用错误报告"选项,并选中"但在发生严重错误时通知我",最后单击"确定"按钮。

如果是 Windows 7 系统,在桌面"计算机"图标处按鼠标右键,选择"属性",切换到"高级"选项卡,其他同 Windows XP 系统。

【故障二】IE 发生内部错误，窗口被关闭

故障现象：在使用 IE 浏览一些网页时，出现错误提示对话框"该程序执行了非法操作，即将关闭……"，单击"确定"按钮后又弹出一个对话框，提示"发生内部错误……"。单击"确定"按钮后，所有打开的 IE 窗口都被关闭。

分析与处理：内存资源占用过多、IE 安全级别设置与浏览的网站不匹配、与其他软件发生冲突、浏览网站本身含有错误代码等都有可能产生该错误。如果要运行需占大量内存的程序，建议关闭过多的 IE 窗口；降低 IE 安全级别，执行"工具→Internet 选项"菜单，选择"安全"选项卡，单击"默认级别"按钮，拖动滑块降低默认的安全级别；将 IE 升级到最新版本。

【故障三】出现运行错误

故障现象：用 IE 浏览网页时弹出"出现运行错误，是否纠正错误"对话框，单击"否"按钮后，可以继续上网浏览。

分析与处理：这个故障可能是所浏览网站本身的问题，也可能是由于 IE 对某些脚本不支持。启动 IE，执行"工具→Internet 选项"菜单，选择"高级"选项卡，选中"禁止脚本调试"复选框，最后单击"确定"。

【故障四】IE 无法打开新窗口

故障现象：在浏览网页过程中，单击超级链接无任何反应。

分析与处理：这可能是 IE 新建窗口模块被破坏导致的故障。单击"开始→运行"，依次运行"regsvr32 actxprxy.dll"和"regsvr32 shdocvw.dll"，将这两个 DLL 文件注册，然后重启系统。如果还不行，则可以将 mshtml.dll、urlmon.dll、msjava.dll、browseui.dll、oleaut32.dll、shell32.dll 也注册一下。

【故障五】脱机却无法浏览本机上的网页

故障现象：目标网页已经保存在硬盘上，却提示"无法浏览"。

分析与处理：此故障可能是由于系统时间被修改，引起了

IE 历史记录的错乱。可用直接在"临时文件夹"中搜索的方法来激活它。按下 Win+F 键,在"包含文字"处输入部分记忆中的关键字,在"搜索"处按"浏览"按钮选择 IE 临时文件夹的地址,如"C:\WINDOWS\Temporary Internet Files",单击"开始查找",在结果列表里双击目标页打开;或者尝试用其他浏览器来脱机浏览。

【故障六】联网状态下,浏览器无法打开某些站点

故障现象:上网后,在浏览某些站点时遇到各种不同的连接错误。

分析与处理:这种错误一般是由网站发生故障或者没有浏览权限所引起。

比较常见的错误信息提示有以下几个:

(1) 提示信息:404 NOT FOUND,这是最为常见的 IE 错误信息。主要是因为 IE 不能找到所要求的网页文件,该文件可能根本不存在或者已经被转移到了其他地方。

(2) 提示信息:403 FORBIDDEN,常见于需要注册的网站。一般情况下,可以通过在网上即时注册来解决该问题,但有一些完全"封闭"的网站还是不能访问。

(3) 提示信息:500 SERVER ERROR,通常由所访问的网页程序设计错误或者数据库错误而引起。

【故障七】网页乱码

故障现象:上网时网页上出现乱码。

分析与处理:单击浏览器上的"查看/编码",选取要显示的文字,则乱码取消。

【故障八】恶意网页篡改 IE 的默认页

故障现象:IE 的默认页被恶意篡改。

分析与处理:有些 IE 被改了起始页后,即使设置了"使用默认页"仍然无效,这是因为 IE 起始页的默认页也被篡改了,即注册表 HKEY_LOCAL_MACHINE\Software\Microsoft\

InternetExplorer \ Main \ Default _ Page _ URL 被篡改。"Default _ Page _ URL"这个子键的键值即起始页的默认页,把其网址改掉即可。

【故障九】默认首页变灰色且按钮不可用

故障现象:默认首页变灰色且按钮不可用。

分析与处理:这是由于注册表 HKEY _ USERS \ DEFAULT \ Software \ Policies \ Microsoft \ Internet Explorer \ Control Panel 下的 DWORD 值"homepage"的键值被修改了(原来的键值为"0",被修改为"1"),将"homepage"的键值改为"0"即可。

培训大纲建议

一、培训目标

通过培训，培训对象可以在计算机组装、维修岗位工作，或从事家庭及小型公司的计算机日常维护工作。

1. 理论知识培训目标

（1）掌握计算机的基本知识以及计算机部件的基本常识

（2）掌握计算机的组装流程及注意事项

（3）了解 BIOS 设置知识

（4）掌握 Windows 系统以及应用软件的安装

（5）了解计算机故障产生的原因

（6）掌握常见的计算机故障类型以及排除故障的一般原则、故障检测的方法

（7）了解计算机系统的常见故障类型、认识计算机常用工具软件

（8）了解小型网络的网络技术与硬件要求、了解网络故障排除方法

（9）掌握网络测试工具的使用以及网络连接的设置

2. 操作技能培训目标

（1）掌握计算机零部件采购、组装技能

（2）掌握计算机系统、常用应用软件安装调试技能

（3）掌握计算机硬件常见故障的排除技能

（4）掌握计算机软件常见故障的排除技能

（5）掌握计算机网络常见故障的排除技能

二、培训课时安排

总课时数：98 课时
理论知识课时数：56 课时
操作技能课时数：42 课时
具体培训课时分配见下表。

培训课时分配表

培训内容	理论知识课时	操作技能课时	总课时	培训建议
第一单元　认识计算机	10	4	14	**重点**：认识主板和CPU **难点**：主板知识、显示器的接口和分辨率 **建议**：如果条件许可尽量使用实物对照，并使用多媒体辅助教学
第一模块　认识主板、CPU、内存	4	2	6	
第二模块　认识硬盘、光驱、显卡、电源	4	1	5	
第三模块　认识外部设备	2	1	3	
第二单元　计算机组装	8	8	16	**重点**：安装CPU、主板、BIOS设置 **难点**：安装主板、BIOS设置 **建议**：以多媒体教学为主，实例教学为辅；计算机组装2～4人一组
第一模块　计算机主机的组装	4	4	8	
第二模块　连接外部设备及通电检查	2	2	4	
第三模块　BIOS的设置	2	2	4	
第三单元　安装Windows系统	8	10	18	**重点**：U盘安装系统盘制作、WinPE、GHOST **难点**：WinPE的使用 **建议**：以多媒体教学为主；Ghost的使用也可采用录制视频方式教学
第一模块　安装前准备	2	2	4	
第二模块　认识WinPE	4	4	8	
第三模块　安装Windows系统	2	4	6	

续表

培训内容	理论知识课时	操作技能课时	总课时	培训建议
第四单元　安装应用软件	4	4	8	**重点**：了解装机的常用应用软件、主流病毒与木马防治软件的使用 **难点**：病毒与木马防治知识 **建议**：采用多媒体演示教学
第一模块　常用应用软件安装	2	2	4	
第二模块　病毒与木马防治软件	2	2	4	
第五单元　硬件故障诊断与排除	10	4	14	**重点**：常见的故障类型、故障的排除方法 **难点**：故障排除的一般原则 **建议**：以教授方法为主，实例讲解为辅
第一模块　计算机故障产生的原因及类型	4		4	
第二模块　计算机主机故障排除	4	2	6	
第三模块　外设故障排除	2	2	4	
第六单元　软件故障诊断与排除	8	6	14	**重点**：操作系统故障排除 **难点**：启动选项菜单、启动故障排除 **建议**：以教授方法为主，实例讲解为辅
第一模块　操作系统故障排除	4	4	8	
第二模块　应用软件故障排除	4	2	6	
第七单元　网络常见故障排除	8	6	14	**重点**：网络测试工具、网络连接设置 **难点**：测试工具、网络设备故障排除 **建议**：以教授方法为主，实例讲解为辅
第一模块　Windows 7 网络连接	4	4	8	
第二模块　网络连接故障排除	4	2	6	
合计	56	42	98	